绿色农宅实践

PRACTICE OF GREEN FARM HOUSE

马步真 主编

清华大学出版社
北京

内 容 简 介

本书结合天水市秦州区张吴山村四个示范性农宅实践项目,系统地介绍了相关多项专利的应用。项目设计规整,体形系数小,房屋热工性好,可自动调节室内温湿度,居住耗能低。使用建材绿色环保,就地取材,建造工期短,造价低。针对农宅中用水来源、家庭污水处理、冬季采暖等问题,本书提出了自己的解决方案,使得农宅达到现代化的居住标准,可以真正提高农民的生活品质。

该书可供农村建设的管理、规划、设计、施工人员参考,也为村民自建房提供了几种备选方案和具体做法,对新农村建设和危旧房改造也有示范和指导作用。

图书在版编目(CIP)数据

绿色农宅实践/马步真主编.—北京:清华大学出版社,2022.8
ISBN 978-7-302-56754-7

Ⅰ.①绿… Ⅱ.①马… Ⅲ.①农村住宅－生态建筑－建筑设计 Ⅳ.①TU241.4

中国版本图书馆 CIP 数据核字(2020)第 212106 号

责任编辑:张占奎
封面设计:陈国熙
责任校对:赵丽敏
责任印制:丛怀宇

出版发行:清华大学出版社
　　　　网　　　址:http://www.tup.com.cn, http://www.wqbook.com
　　　　地　　　址:北京清华大学学研大厦 A 座　　　邮　　编:100084
　　　　社 总 机:010-83470000　　　　　　　　邮　　购:010-62786544
　　　　投稿与读者服务:010-62776969, c-service@tup.tsinghua.edu.cn
　　　　质量反馈:010-62772015, zhiliang@tup.tsinghua.edu.cn
印 装 者:北京博海升彩色印刷有限公司
经　　销:全国新华书店
开　　本:185mm×260mm　　印　　张:15.75　　　　字　　数:379 千字
版　　次:2022 年 8 月第 1 版　　　　　　　　　　印　　次:2022 年 8 月第 1 次印刷
定　　价:188.00 元

产品编号:087270-01

作者简介

　　马步真,祖籍天水,出生地渭源,毕业于兰州铁道学院土木工程专业,学士学位,再获工程硕士,省委党校公共管理学研究生毕业,清华大学建筑设计高级研修班、企业管理高级研修班毕业。

　　天水建筑设计院有限公司党委书记、董事长,兰州交通大学兼职教授,天水市政协委员

　　甘肃省准勘察设计大师

　　国家一级注册建筑师

　　教授级高级工程师

　　甘肃省建设科技专家委员会专家

　　天水市城乡规划委员会首席专家

　　天水市"十一五""十二五""十三五"规划专家咨询组成员

　　天水市领军人才

　　享受甘肃省政府特殊津贴专家

　　荣获第三届(2019年)中国中西部地区杰出建筑师荣誉称号

　　主编的《天水·伏羲文化肇始之源》在甘肃人民出版社出版,该书已被国家图书馆收藏,及北京大学、人民大学、浙江大学等几十家大学图书馆收藏。同时也可在剑桥大学、印度尼赫鲁大学、印度国际大学等国际著名高等学府查阅到书籍信息。

完成单位：天水建筑设计院有限公司

主　　编：马步真

副 主 编：师建军　丁芳军

参编人员：徐承明　史宏元　王　军　张文辉　白雪芳

　　　　　裴小鸥　漆翃野　牛　菁　杨建忠

图文编辑：张秀坤　张自珍　张　雪

序

PREFACE

人类自诞生之日起,就不断向自然索取物质、资源和能源,同时将废弃物抛回自然。只是在工业革命之前,受制于生产力水平,人类的这些活动尚没有对大自然造成很大的伤害。那个时期的建筑物也是如此,其规模和数量有限,加之技术水平不高,更多地采取结合自然的方式。

工业革命之后,人类改造自然的能力空前提升,人们或凭借雄厚的财力,或凭借先进的技术,或凭借自己的意愿去征服自然,把自然作为索取资源的仓库和倾倒废弃物的垃圾场。这个时期的建筑物,规模不断扩大、数量空前增多、类型日益丰富,它们的建造和运行都需要消耗大量的材料、输入大量的能源,同时向自然排出大量的废弃物和温室气体。各国学者的研究已经证明:建筑物消耗的能源已经超过全球总能耗的三分之一,建筑业是消耗能源和资源的主要行业之一。

人类这种对自然的过度索取已经造成了一系列严重后果:城镇规模不断扩大、道路交通经常堵塞、大片森林草地和渔场快速消失……。人与自然的关系出现了严重的矛盾,人类必须反思自身的发展模式,才能长久地存在于自然界。在这样的大趋势下,"绿色"的概念应运而生。

"创新、协调、绿色、开放、共享"是中国新时代的发展理念,"绿色"的概念已经渗透到各行各业,建筑行业也不例外。在各类设计项目中,绿色设计已成为必备的要求,各地涌现出大量绿色建筑的成果,其中既有理论研究,也有实践案例,取得了令世人瞩目的成绩。然而,如何将绿色设计的成果运用到中国的广大农村地区,却仍然有不少工作需要探索。

我国地域辽阔,各地的自然条件、风俗习惯、生活方式、经济发展水平迥然不同。在漫长的历史进程中,各地诞生了具有鲜明地域特色的传统民居,构成了各地人居环境的特色,成为中国建筑宝库中的重要组成内容。然而,在快速城镇化大潮中,这种地域特色遭到很大的破坏,令人惋惜,引起各界的高度重视,国家科学技术部、住房和城乡建设部等部门都支持了一批课题,研究新时期的农村住宅建设。

新时期的乡村住宅,不但需要实现功能实用、立面美观、用材合理、造价经济、环境优美等要求,更要融入绿色设计的理念。绿色设计应该成为农村住宅设计的出发点和有机组成内容,彻底改变把绿色设计仅仅理解为添加高科技设备的片面观点,将绿色设计贯穿于农宅设计的全过程。通过场地选择、平面布局、剖面设计、门窗定位、材料选用、结构选型、设备选用等各个方面,全面实现绿色设计的要求,同时又尽量不增加或仅仅少量增加造价。

唯如此，才能体现绿色设计的精髓，才能使绿色设计得到大范围推广。

　　马步真先生主编的《绿色农宅实践》一书，立足于甘肃天水张吴山村，从村庄规划入手，在土地利用、道路系统、公用工程设施、村庄建设等方面全方位提出了改善人居环境的策略；同时，开展了针对天水地区传统民居的调研，在此基础上进一步以农民住宅为对象，深入研究绿色农宅设计。设计师立足当地自然条件、生活习惯、文化传统和经济水平，结合传统民居的优点，因地制宜，因势利导，使绿色农宅成为当地文脉的有机组成部分。

　　设计团队运用绿色设计理念，从平面布局、立面设计、剖面设计、细部设计、材料选择、节能设备等方面入手，深入研究在农宅中融入绿色设计和绿色技术的可能性。与此同时，在结构设计、电气设计、给排水设计、暖通设计等专业中也结合当地特点进行了深入探讨，大胆引入了一些前沿概念，尝试了一些新的技术手段，多层次地贯彻绿色设计的理念。设计团队还对比研究了四幢不同类型的农宅，既可以满足村民的不同需求，又可以进行多方面的比较，使之具有更广泛的适应性。

　　绿色农宅融"地域"和"普适"于一体、融"传统"和"现代"于一体，具有广阔的发展前途。《绿色农宅实践》为我国西北地区乡村民宅建设提供了有益的指导，对于其他地区的农宅建设也有很好的参考作用。这将有助于推动建设一批具有代表性的农村绿色住宅，推动乡村绿色发展，助力美丽中国建设，为改善乡村人居环境做出持续的贡献。

　　是为序。

陈 易

中华人民共和国一级注册建筑师

同济大学博士、教授、博士生导师

中国美术家协会环境设计艺术委员会委员

上海市建筑学会理事、生态建设专业委员会副主任

2021 年国庆于上海

自序

PREFACE

随着新农村的蓬勃发展,社会主义新农村住宅也逐步展开。虽然农民的居住条件得到了很大改善,但是农房建设仍以农民自建为主,农房建设设计,建造施工水平较低,普遍存在建筑质量差,资源浪费严重,住宅功能不完善。北方地区农村建设绝大多数未进行保温处理,建筑外门窗热工性能和气密性较差,供暖设备简陋,热效率低,建筑能耗大。厕所脏陋不堪,厨卫条件亟待改善,污水垃圾没有得到有效治理,村容村貌差,人畜混居,基础设施不完善,公共服务设施及服务能力不足。因此,构建绿色节能农村住宅,做好新农村住宅建设是我国美丽乡村建设的发展方向。

党的十六届五中全会建设社会主义新农村的重大历史任务。社会主义新农村建设是在"生产发展,生活宽裕,乡风文明,村容整洁,管理民主"二十字方针的要求下,对农村进行经济、政治、文化、社会等全面的建设。党的十七大首次提出"建设生态文明"的要求,十八大又重点强调"大力推进生态文明建设"。近期,党中央,国务院作出实施乡村振兴战略的决策部署,相继出台了《中共中央国务院关于实施乡村振兴战略的意见》和《乡村振兴战略规划(2018—2022 年)》并将改善农村人居环境,建设美丽宜居乡村作为振兴战略的一项重要任务。2021 年 6 月 22 日,住房和城乡建设部,农业农村部,国家乡村振兴局联合印发《关于加快农房和村庄建设现代化的指导意见》,阐述了加快农房和村庄建设现代化的重要意义,提出了加快农房和村庄建设现代化的具体要求。

我国幅员辽阔,农村面积大,各地差异明显,绿色新农村建设不能一概而论,积极稳妥地探索适宜我国国情和农民生活特点的绿色建筑适宜技术,是建设社会主义新农村的一项重要内容。同时也是逐步提高广大农民生活质量,改善人居环境的时代要求。本书作者多年来对绿色农宅技术进行深入研究,并结合当地实际条件,从建筑、结构、给排水、暖通、电气等方面,以安全实用、绿色环保、节能舒适、造型合理为目标,对每个专业进行了研究和探讨,研发了十多项创新型技术措施,应用于农宅示范项目中,对我国绿色节能农村住房的建设和发展具有重要的参考价值。

(1)就地取材、利用乡土材料,加强对传统建筑方式的传承和创新,运用黄土泥秸秆树脂系列建筑材料,作为墙体和屋面的主要建材。

(2)采用马牙槎装配式框架柱及剪力墙连接技术,取代传统 PC 建筑中竖向构件的钢套筒连接方法,探索出一种装配式建筑施工新工艺。

(3)采用雨水收集系统、优质杂排水处理和节水型免排马桶等技术措施,推进农村生活污水处理,实现水的循环利用。

(4)采用太阳能光伏板、空气源热泵等集中热源措施,为软式散热器供热来完成农房采暖,探索实践综合采暖新模式,推动农村用能革新。

(5)在电气上,利用线路板插座和装饰构件一体化技术,将线路和插座融合到门套和踢脚线内,既方便了走线和插座安装,又简化了施工工序。

(6)在项目开展过程中,还应用了诸如湿陷性黄土地基处理措施、装配式建筑技术、BIM技术、被动式采暖技术、居家WiFi智能一体化技术、绿色低层迷你型便捷电梯技术等,优化了农宅功能,突显了民居特色。

发展新农村绿色农宅建设是今后新农村住宅建设的工作重点,并会产生巨大的社会效益和经济效益,对全面推广和普及节能、节水、节材的技术措施,搞好资源综合利用,缓解我国能源紧缺局面,加快我国城镇化、工业化进程,实现住宅建设的可持续发展具有重要意义。

编　者

2022 年 4 月

　　本书以天水张吴山村示范性绿色农宅为对象进行介绍,目前建有一、二、三、四号院落。

　　一号院为单层四合院建筑,外墙为黄土泥秸秆树脂免烧生态砖夹芯墙,混合结构,屋面为预制椽小青瓦。二号院主房为二层,其他同一号院。三号院为两层别墅型建筑,外墙为黄土泥秸秆树脂免烧生态砖夹芯清水墙,装配式钢筋混凝土短肢剪力墙结构,屋面为钢筋桁架檩条黄土免烧瓦屋面,屋面为较厚的黄土泥秸秆复合保温材料,保温层防水层分离设置。四号院为四个单层房屋围成的四合院,混合结构,屋面、外墙做法同三号院。

　　一、二号院吸取了传统四合院的布局,但做到了"厨房进房、厕所入室",平面布置合理紧凑,卧室、卫生间和厨房围绕客厅布置,使用功能现代方便。室内居住环境舒适,不但优于传统院落,而且优于目前普遍建设的住宅楼。跟传统建筑相比没有使用任何原木材料,极大地节约了木材,契合了国家的环保政策。所有砖和瓦就地取材、现场加工,不用煅烧,节约能源,减少空气污染。

　　三号院在前两个院的基础上,进一步进行了技术创新,该楼集中了绿色建筑的所有特点,是一个技术含量最集中、绿色性能最好的示范性建筑。

　　第一,在平面布置上,吸取了所有新建成别墅建筑的优点,房屋平面布局紧凑、使用功能齐全,设有绿色迷你型便捷电梯,方便老年人居住。

　　第二,平面布局工整,避免别墅建筑因平面的大凸大进,引起外墙过长的弊端,建筑外墙横平竖直,围合成一个矩形空间,体型系数最小,最大限度地降低建筑造价,节约采暖能源。

　　第三,该楼是以黄土为主的复合材料围合的居住空间,外墙和屋面较厚,地面也加强了防潮措施。由于围合材料的蓄热性能好,抵御温度变化的能力强,使室内始终能够保持在人体适宜的温度范围。利用黄土的呼吸特性,可调节室内的湿度,使室内始终保持在人体生理舒适的润湿范围中。这样利用黄土的蓄热保温和调节湿度的性能,使得室内环境冬暖夏凉,最适宜人们居住,夏天不需制冷,冬天仅需消耗少量的能源采暖。

　　第四,屋面保温和防水分离,屋面保温设置在屋顶的水平楼板上,屋面防水设置在斜屋面上,两者之间形成了空气夹层,该夹层的空气可以用来调节室内的温度。

　　第五,外墙用黄土泥秸秆树脂免烧生态砖夹芯清水墙,屋面用黄土免烧瓦,色彩古朴,造型传统,继承了土墙黛瓦的传统风格,使房屋融入带有祖辈文化蕴迹的黄土原野中。

四号院是在前三个院的基础上,所做的造价最低、工期最短、布局最紧凑、维护最节省、环境最宜居的院落。由于建筑构造简单,施工工序精炼,从而节约材料,减少人工,达到造价最低。所用材料80%就地取材,并现场加工,是一个名副其实的土香土色的建筑。该院房子外墙和屋面做法同三号院,地面下强化了防潮处理,同样是被黄土围合的居住空间,其功能布置、居住舒适度和绿色措施继承了三号院的所有特点。

这四个院落中,特别是三、四号院子,我们充分挖掘了建筑、结构、给水排水、暖通、电气等专业的潜力,对传统建筑做法持怀疑的态度,对每个专业进行了研究与探讨,研发出十多项创新型技术措施,其中八项获得专利,并全部运用到示范农宅中,取得很好的效果。

一、利用当地丰富的黄土资源发明的系列黄土泥秸秆树脂建筑材料,作为外墙和屋面的主要材料。

二、为了方便楼层间老人和妇幼的通行,发明了造价低廉的绿色低层迷你型便捷电梯。

三、三号院的短肢剪力墙结构,采用钢筋混凝土装配式(PC)技术以提高质量和进度,并运用我们发明的PC剪力墙柱马牙槎连接技术,取代传统PC中竖向构件的钢套筒连接技术,为PC的普及解决了难题。

四、该项目以节水为设计理念,实现了家庭优质杂排水通过家庭优污处理器专利设备自主处理,厕所污便通过节水型免冲马桶进行收集,真正实现了"厕所革命"。

五、该项目以节能为主要目标,特点是厚墙、厚屋、厚地面,所围合的居住空间保温、保湿、蓄热性能良好,极大地节约了能源。冬季仅用很少的能源可解决采暖问题,利用挂在外门窗内侧的软式散热器给房子供暖,所需的能源以光伏板为主,将电能转换储备成集中热水,供采暖使用。

六、在电气上,利用线路板插座和装饰构件一体化技术,室内线路布置上,消灭了传统的主体结构内埋线的弊端。将线路和插座融合到门套内和踢脚板内,减少了一道重要的施工工序。特别是在PC构件中,不再走线,大大减少了PC构件的类型。

同时,针对黄土地基处理的新措施,以及对农宅中用水来源,优质污水处理,污便免排打包,家庭集中热源,空气源应用,供暖形式的创新,太阳能光伏板应用,WiFi智能一体化,BIM技术的应用等,提出了满足绿色标准的解决方案。

该建筑主要材料黄土和秸秆可就地取材、就地加工,同时利用免烧措施制造成免烧生态砖、免烧生态瓦,避免了因烧制机砖、机瓦及其运输引起的能源浪费和环境污染。生态砖、生态瓦可自然降解,不会产生建筑垃圾,最终回归自然。

通过以上措施,实现了绿色农宅建筑节约能源、节约资源、回归自然的理念,最大限度地节能、节地、节材、节水,保护环境,减少污染,为人们提供健康、适用、高效的使用空间,与自然和谐共生。该建筑各项物理指标符合或超过绿色建筑标准、绿色环保、造价低廉、融入自然,适宜居住,是一例参考价值较高的示范性绿色农宅建筑。

该建筑平面功能合理、居住舒适、立面色彩典雅古朴、造型简洁大方,建筑结构安全可靠,能够抵抗高烈度地震的影响,该建筑模式对农村建筑的危旧房改造,可提供全方位的示范和指导作用。

绿色农宅已不是对传统民居的简单改造提升,而是在充分利用传统材料(黄土、秸秆)

的基础上经现代先进的技术手段和精心的设计完成的"作品";也不再是单纯意义上的回头,而是一种基于反思后的创新。书中内容全面系统,图文并茂,理论探讨与实践操作紧密结合。该书是作者和其团队从事几十年建筑设计工作中技术经验积累后,所结出的丰硕果实。

编　者

2022 年 4 月

目 录

CONTENTS

第 一 章

天水张吴山村规划

张吴山村位于天水市秦州区太京镇东南部秀金山半山腰,该村地处藉河流域上游,属黄土丘陵类型,海拔 1388～1480m,相对高出山下锦绣苑 178～270m。距镇政府所在地 13km,距天水市市区 10km,从市中心或镇政府去张吴山村是崎岖的山路,虽然距市区较近,但是交通并不便利。

张吴山村区位图

第一节　张吴山村社会现状调查

一、张吴山村 2014 年情况

为了张吴山村的规划、建设和发展,我院抽调相关人员对张吴山村社会和经济情况进行了为期 1 个月的调研,采取走访、考察、座谈及查阅资料等方法,对张吴山村目前的社会和经济现状,存在的困难、致富途径、村容村貌的改善措施及需相关部门帮助支持等情况,进行了专题调研。现将主要情况报告如下:

1. 基本情况

张吴山村分 3 个自然村,张家山、吴家山,鸡儿咀,共有 183 户,832 人(每户平均 4.5 人),其中张家山现有 86 户,430 人;吴家山现有 70 户,276 人,其中回族 26 户,104 人;鸡儿咀现有 27 户,126 人。

该村域地处藉河流域,海拔 1388～1480m,相对高出锦秀苑 178～270m。年平均最高气温 32℃,最低气温－10℃,年降雨量 550mm。气候温暖湿润,光照充足,冬无严寒,夏无酷暑,四季分明,无霜期约 180 天。张吴山村地处黄土形成的梁、峁、沟、壑地带,三个自然村庄绕山腰散落布置,四周水平梯田环绕,较远处的山坡上绿草漫坡,山顶上绿树成荫,天水素有一说“北有凤凰山,南有秀金山”,著名景点秀金山主峰,海拔 1600m。

张吴山村总耕地面积为 1830 亩,人均 2.2 亩土地,近年已把山地全部改造成水平梯田。

张吴山村点缀于绵延起伏的山坳中,依山傍势。村中古树参天,村边层层梯田环绕,袅袅炊烟宛如飘带随风起伏,温馨幸福萦绕着整个村庄。那山、那路、那房和谐安谧,与大自然融为一体。

2. 人口结构及劳动力情况

全村 18 岁以下无劳动能力人员和学生 205 人,占人口总数的 24.6％;18～55 岁具有劳动能力人员 462 人,占人口总数的 55.5％;56～65 岁具有半劳动能力人员 108 人,占人口总数的 12.9％;65 岁以上基本无劳动能力人员 57 人,占人口总数的 7％。其中孤寡老人 2 户,留守老人 16 户,空置房屋 12 户。人口自然增长率 0.6％,每年农转非 0.7％,人口处于下降趋势,但下降不明显。

在市内打零工的有 307 人,主要是利用季节和农闲时节在天水市秦州区打工,从事建筑、搬运、装卸、家政等工作;从事临时工的有 178 人,主要在周边工厂及事业单位从事简单的工作;常年外出打工的人员有 22 人,主要分布在北京、上海、广州和新疆。另外,还有 12 户人举家在外务工。平均每家有 2 名劳动力,人力资源相对丰富。

3. 经济来源

张吴山村的经济来源基本上是传统农业收入和打工收入。

传统农业中,种植作物主要有小麦、玉米、油菜等;林果业,主要栽种大樱桃、苹果等经济林;养殖业,主要是家庭式的养牛、养羊。近年加大了现代农业投入,已种植大樱桃 780

亩,苹果 410 亩,目前处于生长阶段,暂未挂果因此无收益。

全村人均农业纯收入 1968 元/年,外出务工人均收入 2000 元/年,全年人均纯收入 3968 元/年。

4. 基础设施现状

1)道路工程

全村主要道路为数条硬化路面和土质乡村便道,道路系统不完善,路面质量参差不齐。由张吴山村委会至天水市市区的道路为水泥硬化路面,道路质量较好。

2)排水工程

村民生活用水为自来水,其中张家山自然村全部覆盖自来水,吴家山和鸡儿咀部分农户未接通自来水。村内没有形成完整的排水系统,雨水依靠道路旁的明沟收集排放,生活污水基本就地排放。

3)供热、燃气设施

村里住宅冬季主要通过煤炭、农作物秸秆为燃料的火炕取暖。村中无燃气设施,有少数村民使用太阳能器(灶)、沼气、管道然气等清洁能源尚未大面积推广使用。

4)房屋

村民的住宅结构有三类,分别是土坯墙木构架房、青砖墙木构架房和砖混结构房。张吴山村的住宅多以土坯墙木构架房为主,且旧房、危房较多,住房条件较差。

5)环卫设施

村内无垃圾收集点及垃圾箱,生活垃圾随处堆放,阻碍交通,且污染环境,村内环境脏、乱、差。农户以旱厕为主,卫生条件较差,村内无公共厕所。

6)供电通信

随着"村村通"工程的顺利实施,村内全部通电,电视和电话的覆盖率较高,全村各组的通信较为方便。

5. 主要问题

1)农业基础薄弱

虽然离市区较近,但张吴山村地处半干旱山区,经济基础薄弱。目前,主要是山地旱作农业,农作物产量不高,且多靠天吃饭,加之自然灾害频繁而导致贫困现象容易发生。现代种植林果业、养殖业等还没发展起来,经济收入来源仍然较单一。其中不少家庭还因为生病、学生上学等负担,目前仍在贫困线边缘。

2)劳动力人口文化程度偏低

全村高中学历 20 人,初中及小学学历 380 多人,复转军人 17 人,并没有条件进行再教育和技能培训。在外打工主要从事技能低、技术含量少、体力劳动强度大、收入少的工作。另外,因学历原因,村民的科技意识和管理能力普遍不高,村内产业发展缺少带头人和技术人才。

3)农业科技基础及社会服务体系薄弱

农业科技推广薄弱,科技服务不到位,农机队伍薄弱,农业信息不灵,参与市场活动不多;无对应的各类协会和合作社;全村没有一户安装互联网络。

4）交通道路狭窄

上山只有两条道路,虽然是水泥路面,但路宽 3.5m,影响大型车辆通行。同时道路标准不高,弯急路陡,下雨、下雪时存在安全隐患。道路是制约村民经济发展的主要因素。另外,村内主要道路硬化完成,巷道还没有硬化,雨天不能满足村民出入需求。

5）医疗保障卫生条件差

整村只有一个家庭式卫生室,无任何医疗设备,不能满足村民日常就近就医要求。村内无垃圾收集和运输设施,建筑垃圾、生产生活垃圾随意堆放,生活污水往山沟草丛随意排放,村内卫生环境差。

6）水利设施差,吃水困难

张家山、吴家山各有一处山泉水源,泉水时有断流,遇到大旱时会干涸。鸡儿咀从南河沟调水,只能满足鸡儿咀生活用水。全村用水紧张,满足不了饮水需要。

7）教育质量不高

目前,小学有 43 人,其中有 14 个学生在本村上学,其余在刘家庄小学、暖和湾小学就读;初中生有 24 人,主要在窝驼中学、石马坪中学就读;高中生有 13 人,主要在三中、四中就读。大部分学生走读,学生上学路程较远,路上占用时间较多,而且不安全;部分学生住宿,但费用较高、还需家人陪护,增加了村民负担。与较近校区的学生相比,当地学习条件差,影响学习质量。

8）文化体育设施欠缺

村内只有农家书屋,没有任何体育设施,满足不了村民业余文化体育活动的需要,与美丽乡村相差甚远。

6. 张吴山村发展思路

(1)依托秀金山秦州区农业科技园的优势,加大对樱桃的种植。目前已经种植的 780 亩樱桃在 3 年后产生效益,按亩产 600 斤计算,每亩净收益约 4000 元,计划再种植 300 亩樱桃,按照每人 2 亩计算,可解决 150 人的收入问题;充分利用政策扶持和科技优势,对已种植 410 亩苹果进行改良换种,预计 3 年后可将现在每亩 1200 元的收入提高到 3600 元/亩,提高种植苹果果农的收益;重点扶持、强化管理,逐步达到每亩净收入 12000 元的水平,接近天水地区苹果种植业平均亩产 15000 元的水平。

(2)依托著名的秀金山景点及其制高点的优势,利用周围山体绿树植被优势及水平梯田,依山傍势,建立若干个自驾游场地,使游客利用休假日观光农耕文化,欣赏水平梯田的田园风貌,体验山村生活,野外就餐,绿地游嬉。山村的早晨阳光明媚、空气清新,傍晚犬欢牛归、炊烟袅袅,春有樱花飘香,夏有果树成荫,秋有硕果累累,冬有白雪皑皑,使游客充分享受张吴山村的人文自然环境。引导游客参观秀金山寺庙,了解深厚的天水道教文化,高瞻秦州秀丽风景,领略城区日新月异的建设风光。通过以上旅游项目,调动村民充分参与经营,增加收入。

(3)规划设计。我院目前已设计出两套民居样板房建设方案,现抓紧在鸡儿咀村施工,工程项目实施后,形成具有天水传统民居特色的现代农宅示范区。其特点是在使用功能上体现当地农民的生活习惯,并引进现代的生活标准,就地取材,造价低廉,结构安全,工期短,可实施性强,在雨水利用、污水处理、家庭采暖、太阳能利用方面特点明显。

通过示范,先带动张吴山 3 个自然村的改造,再通过示范带动整个天水地区的实施。通过以上措施,引导天水及周边地区的相关人员参观,提高张吴山村的知名度,提高社会经济效益。计划再增建若干个示范院落,首先对孤寡老人的院落进行改造,增加孤寡老人的收入。

(4) 依照张吴山村的规划思路,对张吴山村整体进行建设改造,完善相关设施,形成具有天水传统特色、反映当地乡土气息的美丽乡村。以户为单位,把新建的若干农宅改造成"农家乐",集就餐、娱乐、住宿为一体,提高村民收入。

(5) 根据农宅的空置情况,由村委会负责统一建设,通过经营、出租、转让获得效益,达到致富的目的,如经营养老院、养生疗养院、旅游度假休闲酒店、培训基地等项目。

(6) 针对张吴山村回族村民比例高(占总人口的 12.5%)的特点,建立与清真有关的产业。利用土地资源优势,建立清真食品加工厂,开办若干个具有清真特色的"农家乐",大力扶持养肉牛、奶牛、肉羊、奶羊、鸡、鹿等产业,通过引导、加强与城区回族的联系,发展其他产业,增加收入。

(7) 根据当地气候条件,选择适宜地块种植中药材,如冬花、当归、黄芪、红芪、党参、半夏、沙棘等,并带动周边地区形成产业。

(8) 根据农户家庭情况,送技术下乡大力发展养殖业。养殖奶牛、奶羊、鸡、鹿、肉用驴,发展成生产、加工、销售产业链。

(9) 利用闲置土地,在交通方便的地方建设一处农副产品交易批发市场,增加农产品的流通,增加村民就业岗位和经济收入。

(10) 在建设示范性农宅的同时,有意识地培养许多建筑工人,为以后成立建筑工程队、装修队及家政服务公司打下基础。吸纳村中青年人员参与,通过项目的实际操作培训,由有能力的人员带队,成立张吴山村建筑施工队,装修队及家政服务公司,解决部分村民的就业问题。

7. 需要镇政府帮助扶持的方面

(1) 给予资金及土地支持,扩建或改建两条主要上、下山的道路,满足大车通行需求。

(2) 加强劳动力人口职业培训。利用周边技工学校的优势,培养一批具有农业、建筑、机械、电子、家政服务等技术的工人,提高技能,增加收入。

(3) 目前全村有小学生、初中生共 67 人,为了保证学生的学习质量,建议在村内不设学校,让学生就近在设备完善、教学质量好的学校就读。道路修通后,希望能有校车接送学生。在释放劳动力的情况下,让山村学生和城区学生处在同一起跑线上。

(4) 建议由镇政府出面引进资金,在张家山村建立一处幼儿园。

(5) 提高完善全村的医疗卫生条件及环卫设施,建设一处卫生所;在每个自然村设一处垃圾收集站;当有条件时,建设一处污水处理设施。

(6) 给予水利设施的投入,寻找新水源地,满足人畜饮用水和部分农田的灌溉用水需求。

(7) 结合村组织建设,加强村基础设施建设。修建一处室外活动场地涵盖小游园及篮球场等活动场所,在场地内配备体育健身器材。

(8) 建议镇政府督促相关部门,尽快实现光纤入村,三网合一。

（9）建议镇政府引导投资方，利用张吴山村的自然地理优势，在村内建一个较有规模的养老基地。

（10）建议镇政府尽可能集中利用新农村及美丽乡村的所有建设资金，实施张吴山村建设改造，基础设施先行，分期对院落进行整治，尽快形成具有特点的示范性新农村面貌。

二、张吴山村 2019 年情况

2019 年 9 月，天水建筑设计院对秦州区太京镇张吴山村户进行了第二次社会调研。采取走访、考察、座谈及查阅资料等方法，对张吴山村目前的社会和经济现状，包括存在的困难、致富途径、村容村貌的改善措施及需相关部门帮助支持等情况，进行了专题调研。

1. 基本情况

张吴山村仍然是三个自然村，张家山、吴家山、鸡儿咀，共有 204（183）户、863（832）人，每户平均 4.2（4.5）人，其中张家山现有 94（86）户，446（430）人；吴家山现有 82（70）户，289（276）人，其中回族 26 户，106（104）人；鸡儿咀现有 28（27）户，128（126）人，括号内为 2014 年数据。

张吴山村总耕地面积为 1830 亩，人均 2.1 亩土地，近年已全部把山地改造成水平梯田。

张吴山村点缀于绵延起伏的山峦中，依山傍势。村中垂柳成荫，村边层层梯田环绕，袅袅炊烟宛如飘带随风起伏，温馨幸福萦绕在整个村庄。那山、那路、那房和谐安谧，与大自然融为一体。近年内，随着降雨量增加，相比 5 年前，村庄周围及山顶树木增多、树冠增大，每一处山坡都被茂密的植被覆盖，耕地基本上被经济林代替。村庄内所有道路都已完成硬化，5 年前村内千篇一律的传统民房，目前近 1/3 被单层或两层砖混板房所代替，村内道路上能够看见的墙表面，都用涂料刷白。本来房屋与环境之间协调的风格被新建的房屋打破，3 个村庄都显得杂乱无章。唯独由我院所建的三栋示范性绿色农宅，既继承了传统的风格，又显得清新、别致和大方。

2. 人口结构及劳动力变化

全村 18 岁以下无劳动能力人员和学生 213（205）人，占人口总数的 24.7%（24.6%）；18～55 岁具有劳动能力人员 460（462）人，占人口总数的 53.3%（55.5%）；56～65 岁具有半劳动能力人员 120（108）人，占人口总数的 13.9%（12.9%）；65 岁以上基本无劳动能力人员 70（57）人，占人口总数的 8%（7%）。其中孤寡老人 2 户，留守老人 11（16）户，空置房屋 12 户。

在市内打零工的有 320（307）人，主要是利用季节和农闲时节在秦州区内打工，从事建筑、搬运、装卸、家政等工作；从事临时工的有 194（178）人，主要在周边工厂及事业单位从事简单工种的工作；常年外出打工的人员有 17（22）人，主要分布在北京、上海、广州和新疆。还有 12 户人举家在外务工。平均每家有 2 名劳动力，人力资源相对丰富。

3. 村民收入增长情况

张吴山村经济来源基本上依靠传统农业收入和打工收入。

传统农业，种植作物主要有小麦、玉米、油菜等；林果业，主要栽种大樱桃、苹果等经济林；养殖业，主要是家庭式的养牛、养羊。近年加大了现代农业投入，已种植大樱桃 840 亩，苹果 420 亩。目前均已挂果，产生收益。樱桃净收益 2800 元/亩，苹果净收益 4700 元/亩。

农业纯收入 5013 元/人，外出务工纯收入 9154 元/人，全年纯收入 14167 元/人，比 2014 年有明显增长。

三、关于张吴山村建设的几点建议

1. 现状分析

综合以上资料，整理出张吴山村 5 年人口现状的增长情况。

张吴山村人口分析表

人　口	常住城区	常住村中	常住外地	农转非人	劳动人口	非劳动人	65 岁以上	18 岁以下	户籍人数	常住本地
2014 年	83	689	54	6	570	262	57	205	832	806
2019 年	189	617	54	3	580	283	70	213	863	844
净增长数	106	−72	0	−3	10	21	13	8	31	38
年增长率/%	17.8	−2.2					4.2	0.8	0.7	0.9

（1）常住村中人口，2014 年是 689 人，2019 年是 617 人，减少了 72 人，增长率为 −2.18%。农村常住人口急剧减少，空置房屋越来越多。

（2）常住城区人口，2014 年是 83 人，2019 年是 189 人，增长了 106 人，增长率为 17.8%。"进城"人员越来越多，有利于城市化进程的推进。

（3）18 岁以下人口，2014 年是 205 人，2019 年是 213 人，增长了 8 人，增长率为 0.76%。该增长率超过全国平均 0.5% 的水平，从张吴山村的数据可以看出，自放开二胎政策以后，人口增长率提高。

（4）65 岁以上人口，2014 年是 57 人，2019 年是 70 人，增长了 13 人，增长率为 4.2%。老龄化趋势更加严重，村中留守老人越来越多，是镇政府当前迫切需要重视、解决的问题。

（5）房屋空置率较高。张吴山村一共有 204 户，举家常年在外地，房屋空置的有 17 户，常年在城市内居住的 106 人，相当于 23 户。粗略计算，房子空置率至少是 19.6%，这些宅基地相当于占用土地 20 亩。

2. 目前存在的主要问题

1）劳动力人口文化程度仍然偏低

全村文化程度方面，高中学历有 28（20）人，初中及小学学历有 393（380）人，复转军人有 17 人，劳动力文化程度普遍偏低，同时，没有条件进行再教育和技能培训。在外打工人员依然从事技能低、技术含量少、体力劳动强度大、收入少的工作。

2）道路狭窄的问题仍未解决

上山的两条道路，虽然是水泥路面，但路宽 3.5 米，影响大型车辆通行。同时道路标准不高，弯急路陡，下雨、下雪后存在安全隐患。道路截至目前没有任何变化，道路是制约招商引资和村民经济发展的主要因素。

3）医疗卫生条件改善不到位

仍然是整村只有一个家庭式卫生室，无任何医疗设备，不能满足村民日常就近就医的要求。村内虽然已建设垃圾收集点，但村民的投放意识不强，随意堆放的建筑垃圾、生活垃圾,随意排放生活污水往山沟草丛,村内卫生环境依然较差。

4)教育质量仍然不高

目前小学有46人,其中有11个学生在本村上学,其余在刘家庄小学、暖和湾小学就读;初中生有31人,主要在窝驼中学、石马坪中学就读;高中生有17人,主要在三中、四中就读。目前大部分学生在学校附近住宿,但费用较高,而且需要家人陪护,增加村民负担。与校区附近的学生相比,学习条件差,影响学习质量,自2014年至今,被大学录取的仅有3人。

5)村庄建设越建越烂

5年前,原来依山傍势、错落有致、风格统一的传统村庄,其1/3已被新建房子取代。但因追求造价低廉,村民不用规划和设计,拆掉了老宅,盲从地修建了红砖烂柱的平顶房屋。所建房屋平面功能简单、节点构造粗糙、结构存在安全隐患,冬天不能御寒,夏天不能隔热,雨天不能防潮,相比传统住宅,住宿条件下降,生活品质降低。特别是形象丑陋的新建房屋,在美丽的传统村庄中突兀而出,并还在不断蚕食着传统房屋,最终将张吴山村的三个自然村庄变成青山绿茵中的三块"牛皮癣"。

截至2019年,除上述前4个问题没有解决外,其余在镇政府和村委会的努力下,已解决,并产生了良好的效果。目前,最紧迫要解决的是新提出的第5个问题,这也是目前农村普遍存在的问题。制止农村村庄乱拆乱建,由村委会负责,完善村庄规划,确定房屋设计图纸,制定实施规定,加强日常管理,使新建的房屋严格按照规定要求进行,避免村庄中"牛皮癣"的出现和蔓延。

3. 出让空置宅院,激活闲置资产

目前,张吴山村长期空置的宅院共计17户,估计不愿意留住的住户占总户数的30%,据调查,可转让的空置院子有80户之多。目前,受政策所限制,农民不能自主转让宅院,使得村落越来越寂寞,空置房屋越来越破败不堪,造成土地资源的极大浪费。对于这么多的空置院子,我们提出以下建议:

一是,由镇政府负责成立一个投资公司,村委会配合,对这些空置的院子进行统一收购、统一建设,通过经营、出租、转让获得效益,如经营养老院、养生疗养院、旅游度假休闲酒店、培训基地等项目。

二是,建议相关部门能寻找到土地自主转让的相关政策,能够出让宅基地,为农民提供一笔可观的财产收入。该收入粗略估计,可以在城区购置$120m^2$商品房的首付款。因为张吴山村到市区仅有2km的路程,目前主要是受到交通的限制,比较闭塞,如果道路畅通,是非常理想的建设高档别墅的场地。可促使"年轻村民进城——城市化","年长市民入村——田园化",从而不但促进了本地区城市化的进程,而且为年长市民提供颐养休闲的理想居住环境,切合了当前年轻村民渴望进城就业宜居的愿望,以及城市年长居民住烦了嘈杂的洋楼,渴望回归田园休闲颐养的愿望。

第二节　天水农村人口发展趋势

一、人口总量逐年减少，结构变化显著

1. 人口总量逐年减少

现代人口再生产类型的基本特征是低出生率、低死亡率和低自然增长率。受不同时期社会政治经济生活的不断变化和自然环境等因素的影响，导致人口的发展呈现出阶段性的特征。

2010—2020年，天水市常住人口呈逐年减少态势。人口总量的减少主要是人口自然变动和迁移流动综合作用的结果。2020年年末，全市常住人口为298万人，比2010年年末的326.63万人减少了28.63万人，年均减少2.86万人，年均下降幅度为0.91％。

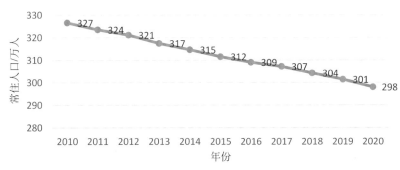

天水市 2010—2018 年年末常住人口

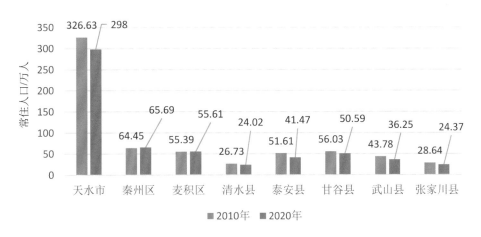

天水市各县区年末常住人口

2. 人口变化趋势向现代增长模式转变

1）人口出生率的发展变化

人口出生率是制定人口规划和评估其实施情况的基本参数之一，反映生育政策对控制

出生人口这一宏观目标的实现程度。近几年,随着人口发展的内在动力和外部条件的变化,为了促进人口均衡发展,完善人口发展战略,我国生育政策进行了较大的调整,2013 年"单独二孩"和 2015 年"全面二孩"的放开,以及"三孩政策"出台,带来了出生率新的变化。

2010—2015 年为天水第四个出生高峰期阶段,人口出生率缓慢回升;2014—2015 年全市育龄妇女在达到历史峰值后开始逐年下降。2016—2020 年,全面实施两孩政策阶段,人口增长率回升幅度不升反降,对照全国全省态势,预计此态势在其后仍然会继续回落。2017 年天水人口出生率为 12.55‰,出生率小幅下降,2018 年出生率为 10.84‰,2019 年出生率为 10.45‰,出生率延续小幅下降趋势。出生高峰过后,二胎政策减缓了出生率的降幅。出生率与育龄妇女群体密切相关。

2)人口死亡率发展变化

人口死亡率的高低直接依存于社会经济条件的变化。这些社会经济条件包括:医疗卫生和保健事业的发展;抵御各种传染病的条件;预防各种自然灾害能力的增强;物质和精神生活水平的提高;劳动和休息的调节等。

2010 年天水人口死亡率为 5.75‰,之后开始逐年缓慢上升,2019 年为 7.04‰。全市死亡率呈现缓慢上升的趋势,主要原因是随着人口年龄结构的变化,青壮年死亡率稳中有降,而死亡人口中老年人所占比例上升。随着全市 65 岁及以上老年人口比例逐年增加,死亡率呈逐年缓慢上升态势。

3)人口自然增长率变化

人口自然增长率是反映人口发展速度和制定人口计划的重要指标,也是计划生育统计中的一个重要指标,它表明人口自然增长的程度和趋势。

2010—2015 年,天水人口自然增长率基本保持在 6.9‰ 左右,2015 年人口自然增长率达到近年的最高值 6.93‰,2016—2019 年由于人口出生率持续下降而逐年下降,2019 年人口自然增长率下降到 3.41‰,天水人口发展已实现了向"低出生、低增长"的现代型人口增长模式的转变。

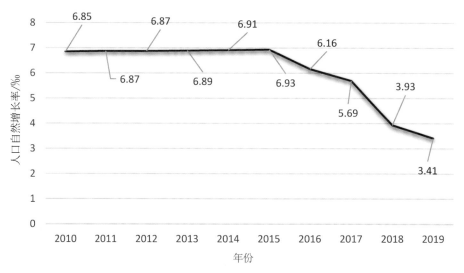

天水市 2010—2019 年人口自然增长率

随着人口自然增长率的进一步下降,在经济建设和城镇化推进过程中,意味着后备劳动力的减少,将削弱全市劳动力资源的比较优势,从而降低经济发展的活力和竞争力。在知识经济时代,人才是第一生产力、第一资源,要实现人的全面发展,强化人力资源投入,全面提高人口素质。同时,要未雨绸缪,加强提前谋划,更加注重从引资向引智的转变,大力引进各类专业人才为我所用,变人口红利为人才红利。

二、人口受教育程度迅速提高

近年来,天水市人口受教育程度全面提高。根据 2020 年第七次全国人口普查数据,全市常住人口中,拥有大学(大专及以上)文化程度的人口为 312261 人;拥有高中(含中专)文化程度的人口为 350928 人;拥有初中文化程度的人口为 884529 人;拥有小学文化程度的人口为 960686 人(以上各种受教育程度的人包括各类学校的毕业生、肄业生和在校生)。

与 2010 年第六次全国人口普查相比,每 10 万人中拥有大学文化程度的由 4714 人上升为 10462 人;拥有高中文化程度的由 11081 人上升为 11758 人;拥有初中文化程度的由 32400 人下降为 29636 人;拥有小学文化程度的由 33486 人下降为 32187 人。

与 2010 年第六次全国人口普查相比,全市常住人口中,15 岁及以上人口的平均受教育年限由 7.68 年上升至 8.60 年。

全市常住人口中,文盲人口(15 岁及以上不识字的人)为 217294 人,与 2010 年第六次全国人口普查相比,文盲人口减少 124237 人,文盲率由 10.47% 下降为 7.28%,下降 3.19 个百分点。

截至 2019 年,全市共有普通高等学校 4 所,在校生 4.26 万人;中等职业教育学校 23 所,在校生 2.43 万人;普通中学 253 所,在校生 20.93 万人;普通小学 594 所,在校生 25.34 万;幼儿园 1088 所,在园幼儿 104466 人。学校结构比较合理。

从参加高考的学生人数看,2019 年和 2020 年,天水市参加高考的人数分别为 3.73 万人和 3.78 万人,两年达到本科录取分数线的人数均在 1.5 万人以上,按全省高考录取率 80% 推算,天水市这两年均有约 3 万参加高考的人进入高校及高级职业院校进行学习深造,将对提高全市劳动者素质、满足经济社会发展需求发挥重要作用。

三、人口老龄化进程加快

人口老龄化是指一个地区或国家老年人口增长的趋势,按国际通行的标准界定,人口老龄化是指 65 岁及以上人口占总人口比例,即老龄化率达到 7% 并不断增加,同时 14 岁及以下人口占总人口比重低于 30% 并逐渐缩小的现象。近年来,全国、全省人口老龄化程度加深,天水市人口发展趋势和全省一致,老龄化问题不断加重。

天水市人口年龄构成比例　　　　　　　　%

年份	0～14 岁	15～64 岁	65 岁及以上
2010	20.84	71.27	7.89
2011	20.48	71.30	8.22
2012	20.12	71.33	8.55
2013	19.77	71.34	8.89

续表

年份	0~14 岁	15~64 岁	65 岁及以上
2014	19.41	71.37	9.22
2015	19.05	71.40	9.55
2016	19.07	71.00	9.93
2017	19.16	70.53	10.31
2018	19.19	70.16	10.65
2019	19.12	69.88	11.00
2020	20.78	66.32	12.90

注：2010 年、2020 年数据为人口普查数据，其余年份为调查数据。

1. 老年人口规模大、老龄化发展速度快

2010 年开始，天水市人口年龄结构已步入老年型阶段。2010—2020 年间，0~14 岁少年儿童占比在 30% 以下，65 岁以上老年人口占比大于 7% 并逐年上升。2020 年第七次全国人口普查资料显示，全市常住人口中，0~14 岁人口为 620206 人，占 20.78%；15~59 岁人口为 1857154 人，占 62.22%；60 岁及以上人口为 507299 人，占 17.00%；其中 65 岁及以上人口为 384911 人，占 12.90%。与 2010 年第六次全国人口普查相比，0~14 岁人口的占比下降 0.06 个百分点，15~59 岁人口的占比下降 4.83 个百分点，60 岁及以上人口的比重上升 4.89 个百分点，其中 65 岁及以上人口的比重上升 5.01 个百分点。

2. 人口"未富先老"

天水市人口老龄化发展趋势和全省一样，其进程超前于经济发展，而发达国家的人口老龄化则是在经济发达时期、经济承受力强时出现。2010 年天水市人均 GDP 为 18413 元，与全省的 29326 元相比，还有一定差距，相比发达国家进入老龄化社会时人均 GDP 超过 2 万美元相比差距更大。2020 年，天水市人均地区生产总值 22251 元，与全省人均地区生产总值 35995 元的相对差距和绝对差距均呈拉大趋势。可以说，现阶段的天水市人口老龄化是"未富先老"。

3. 城乡差别明显，乡村老龄化迅速

由于经济条件、生育水平等方面存在差别，城镇与农村之间的老龄化进程呈现出不同步的现象。可以看出，无论是老龄人口总量，还是老龄化发展速度，农村均高于城镇。农村老龄化进程快于城镇主要是改革开放以来乡村劳动力年龄人口向城镇地区大量迁移和流动的结果。乡村地区的劳动力年龄人口大量减少，使老年人口的占比迅速提升。

四、城镇化水平不断提高

1. 城镇化总体发展状况

从城镇化率来看，2010—2020 年，天水市常住人口中，居住在城镇的人口由 91.82 万人增加到 136.02 万人，城镇化率由 28.36% 上升到 45.57%，10 年间上升了 17.21 个百分点，城镇化进程发展较快。

2010—2020 年甘肃、天水城镇化率　　　　　　　　　　　　　　　　%

地区 ＼ 年份	2010	2011	2012	2013	2014	2015	2016	2017	2018	2019	2020
甘肃省	36.12	37.15	38.75	40.13	41.68	43.19	44.69	46.39	47.69	48.49	52.23
天水市	28.36	29.92	31.11	32.42	33.91	35.3	37.64	40.14	41.65	42.29	45.57

注：2010 年、2020 年数据为人口普查数据，其余年份为调查数据。

根据发达国家的城市化经历，一个国家或地区的城镇化过程大致呈一条拉平的"S"形曲线。当人口城镇化水平达到 30％左右时，进入快速发展阶段，达到 70％左右时，进入相对稳定阶段。

人口密度是反映人口密集程度的指标。伴随着人口规模的增加，人口密度逐年上升，城市承载能力提高。2020 年天水城市人口密度为 11346 人/km²（88m²/人），比 2010 年的 3793 人/km² 增加 7553 人/km²，随着城市基础建设进一步完善，城市的聚集能力不断加强。

2. 城镇空间结构状况

天水市城镇布局受到地理环境、资源禀赋、历史文化、经济实力以及政策等因素影响，长期处于不均衡发展局面。截至 2020 年，秦州区、麦积区城镇化率远远高于全市平均水平，其余县城镇化水平较低，呈现出不均衡发展局面。2020 年天水市各区县城镇化率分别为：秦州区 65.61％，麦积区 57.91％，甘谷县 36.26％，武山县 35.91％，秦安县 33.77％，清水县 32.90％，张家川 29.94％。

3. 城镇化质量不断提高

从城镇基本公共服务、基础设施、土地利用、资源环境、人民生活等方面可以看出，天水市的城镇化质量在不断提高。基本公共服务方面，天水城镇就业面扩大，保障性住房覆盖率提高；基础设施建设方面，公共用水普及率、污水处理率、生活垃圾无害化处理率都有所提高，城市宽带接入率很高；土地利用方面，城镇用地面积有所提高；资源环境方面，城镇可再生能源占据一定比例，绿色建筑比重提高，绿化覆盖率提高，天水城镇空气质量保持较好；人民生活方面，城镇和乡村居民可支配收入不断提高。总的来说，天水城镇化呈现城镇基本公共服务水平不断提高，基本设施建设不断强化，城镇规模不断扩大，资源环境不断优化，人民生活水平不断提高的良好态势。

4. 保持城镇化高速推进有一定压力

按国家标准规定，城镇人口包括以下几类：①城市街道办事处所辖的居民委员会地域和村民委员会地域内的全部人口；②镇所辖的居民委员会地域全部人口；镇的公共设施、居住设施等连接到的村民委员会地域内全部人口；③常住人口在 3000 人以上的独立工矿区、开发区、科研单位、大专院校、农场、林场等特殊区域内全部人口。中国的非农社区包括"城市"和"镇"两种类型，因此称为城镇化。

天水市城镇人口增加受制于人口自然增长缓慢，人口流出率高，城镇区域扩张难度大，致使保持城镇化率高速增长有一定压力。

1）人口自然增长率呈下降趋势

2010—2019 年，天水人口自然增长率呈下降趋势，由 2010 年的 6.85‰下降至 2019 年的 3.41‰,降低了 3.44 个千分点,下降幅度高出全省平均降幅 1.26 个千分点(甘肃省人口自然增长率由 2010 年的 6.03‰ 下降至 2019 年的 3.85‰)。

2)天水外流人口多

天水市属于人口净流出城市,外流人口多。从人口普查数据看,2020 年天水市常住人口 298.47 万人,较 2010 年减少了 27.79 万人,减少 8.36%,减少幅度高于全省平均水平 6.09 个百分点。按近 10 年的年均人口自然增长率推算,天水市近 10 年净流出人口约 45 万人。

3)乡改镇难度增大,村改为居委会意愿不强

乡改为镇后,镇所占有的相应的公共基础设施会加强,当地居民从中获益。由村改为居委会后,当地居民主要还以务农为业,但是相应的农业优惠政策没有了,当地居民利益受损,居民一般都不愿意将村改为居委会,因而村改为居委会的难度大。

五、就业形势稳定

1. 就业人员缓慢下降

通过调研,2010—2020 年劳动力资源增长率呈下降态势,近年来年天水市就业人口保持在 150 万人左右,呈缓慢下降态势。就业人口结构进一步优化,2015 年,第一、二、三产业就业人口占全部就业人口的占比分别为 63.5%、11.8% 和 24.7%。

2019 年,天水市按行业划分城镇非私营单位就业人数 24.03 万人,占全省的 9.5%。其中公共管理、社会保障和社会组织占 21.68%,教育业占 19.68%,制造业占 17.48%,建筑业占 12.23%,卫生和社会工作占 6.37%,其他行业占比均在 5% 以下。

2. 在岗职工人数平稳增长

2019 年,天水市非私营单位在岗职工人数达到 20.06 万人,比 2010 年增加了 2.33 万人,增长 13.13%。其中,国有单位在岗职工 11.44 万人,比 2010 年减少了 0.72 万人,减少 5.92%;城镇集体单位在岗职工 0.38 万人,比 2010 年约减少了 0.38 万人;其他单位在岗职工 8.24 万人,比 2010 年增加了 3.39 万人,增长 69.90%。分县区非私营单位在岗职工人数变化幅度不尽一致。

天水市城镇非私营单位在岗职工人数　　人

地　区	人　数	
	2010 年	2019 年
天水市	177327	200603
秦州区	72862	75938
麦积区	39803	48442
清水县	8897	13328
秦安县	12924	16033
甘谷县	17114	19742
武山县	12001	14320
张家川县	10372	12800

六、居民消费结构明显改善,生活质量显著提高

1. 恩格尔系数明显下降

恩格尔系数是衡量一个国家或地区人民生活水平高低的国际通用的指标。恩格尔系数越低,表明此地居民的生活水平越高;反之,则说明此地居民的生活水平越低。2020 年,天水市居民恩格尔系数为 27.8%,比 2010 年的 40.6% 下降了 12.8 个百分点;2020 年,天水市城镇居民恩格尔系数为 26.8%,比 2010 年的 36.1% 下降了 9.3 个百分点;天水市农村居民恩格尔系数为 29.2%,比 2010 年的 46.8% 下降了 17.6 个百分点。可以看出,2010 年以来,天水人民的生活水平有了很大提高。

2. 居住条件和质量显著提升

近年来,伴随住房体制改革,天水市委市政府高度重视改善居民的居住条件,加大了民用住宅建设的投资力度,近年来更是通过建设廉租房和经济适用房解决居民住房难的问题。同时,随着天水市城市建设步伐加快、城乡居民收入水平的逐年提高,居民对改善居住条件的需求不断加强。许多居民家庭告别低矮、破旧、设施简陋的住房,迁入宽敞明亮、设施齐全的楼房,不但改善了城市面貌,也使城镇居民家庭居住条件明显改善。2020 年城镇人均住房建筑面积已经增加到 $31m^2$,人均居住消费支出达到 4234.9 元,占城镇居民生活消费总支出的 26.17%;农村居民人均住房面积达到 $30.1m^2$,人均居住消费支出 2247.3 元,占农村居民生活消费总支出的 21.95%,住房消费在居民消费支出中所占比例逐年提高。

第三节 天水居民户均用水指标建议

为充分掌握居民实际生活用水量、用水习惯和用水规律,组织相关专业人员对天水市市区和农村居民进行局部抽样,根据本地居民的生活习惯、居所卫生器具的完备程度,对人均日用水量进行了实测。将测算出的最高和平均日用水量与《建筑给排水设计规范》(GB 50015—2003)(2009 年版)和《民用建筑节水设计标准》(GB 50555—2010)提供的用水定额进行对比,分析天水居民实际用水量与国家标准之间存在的差异,提出天水居民用水合理的建议指标,从而指导设计和决策,达到合理投资、避免浪费、节约用水、保护环境的目的。

一、城区供水现状

1.水源地现状

天水市城区供水现有 4 处水源地,分别是西十里水源地、慕滩水源地、南沟河水源地、社棠水源地。

西十里水源地位于秦州区西十里至太京镇一带,始建于 1980 年,1993 年建成,设计日产水量为 4.9 万 m^3,设计服务年限为 15 年。经过近 30 年的运行,该水源地已形成较大的开采漏斗,目前日均产水量约 1.4 万 m^3。

麦积区慕滩水源地位于麦积区东部慕滩村一带,建成于 1997 年,设计日产水量 5.0 万 m^3,设计服务年限为 15 年,至 2014 年日均产水量约 4.0 万 m^3,2015 年对该水源地进行了改建,目前该水源地日均产水量约 5 万 m^3。

南沟河水源地是 2010 年建成的应急水源地,位于秦州区南部皂郊一带,设计日产水量为 1.0 万 m^3,目前日均产水量约 0.6 万 m^3。

社棠水源地是 2016 年建成的应急水源地,日产水量为 1.0 万 m^3。

2.城区供水

天水市秦州、麦积两城区实行联网供水,目前两区共有户表 12248 户。其中,居民生活用水占 57.6%,其他类型用水占 42.4%。秦州城区共有户表 8660 户,日需水量 6.5 万 m^3左右;麦积城区共有户表 3588 户,日需水量 2 万 m^3 左右,市区目前日均供水量 8.0 万 m^3以上,最大日供水量达 9.3 万 m^3。

3.用水量分析

在《建筑气候区划标准》中,天水划分在中小城市三区,根据《建筑给排水设计规范》(GB 50015—2003)(2009 年版)3.1.9 条规定,户内有五件套(大便器、洗脸盆、洗涤盆、洗衣机、热水器和沐浴设备)时,最高用水定额取 130L/(人·d),平均用水量 80L/(人·d)。但是,规范仅规定了建筑用水量和变化系数的取值范围,并进行粗略的地域划分。实际应用中,因存在地域环境、气候、居民用水习惯和管理方式等方面的差异,实际用水量与规范差异较大。

根据 2017 年天水市水务部门了解到的情况,天水城区居民实际生活用水总量为

1796.5万t，人均消耗71.50L/d，日变化系数为1.33～1.46，计算最高日用水量为95～104.4L/d，与规范取值相比偏低。在建筑给排水设计时，因户内用水定额取的是最高日用水定额的较高值，而且加了一定的日变化系数，该数据远高于实际，致使设计的户内管道及相关构件偏大，造成投资浪费，进而影响整个管网设计的合理性。

目前天水市居民用水存在较严重的浪费现象，主要表现在以下三方面：

（1）部分居民的节约用水意识淡薄。大多数被调查的居民认为，经常下雨，河水较大，水资源很丰富，有"取之不尽、用之不竭"的错误观念，同时价格杠杆的调节能力弱，用水浪费现象严重。

（2）不合理用水，造成浪费严重。主要表现在城市管网年久失修，漏损率高；居民洗手、洗脸、洗菜大多采用长流水；抽水马桶水箱容量大，且存在漏水现象。

（3）生活污水处理能力低，非传统水源利用率低。目前仅城区范围有一处峡口污水处理厂，仅个别乡镇有集中污水处理设施，但许多处理出的水达不到国家一级A类标准，而且无中水利用系统。

4. 城区居民用水量

城区是人口较集中用水量最多的地方。城区的扩大导致用水量不断提高，主要体现在扩大的住宅楼、各种服务设施以及绿化环境的植被等方面。居民生活水平地提高，用水量也在不断地提高，其主要体现在洗衣机用水量的增大、淋浴次数增加、马桶冲水次数增多、拖地次数增多上。另外，根据水源条件、气候环境、地理位置、生活习惯的不同，用水量大小和增加幅度有很大区别。

基于以上原因，城区缺水日趋严峻，特别是干旱年份和冬季，问题显得更为突出。水资源短缺成为制约城区发展的一个重要因素，缺水直接影响居民的生活质量和社会的稳定。对于城市居民用水，除了应及时开发新的水源，居民科学用水、节约用水、改变生活用水习惯，循环用水也是缓解水资源短缺的重要途径。

针对如何科学用水和节约用水，我们对城市居民的用水量、用水规律及供水方式做了详细的调研。其居民的用水状况对于供水系统的设计、运行、管理等意义非常重大。近年来的甘肃统计年鉴的统计资料可查得天水市居民家庭人均生活用水量。

人均用水量统计

年份	人均用水量/(L/d)	居民人口/万人	家庭用水量/(万 m³/年)
2017	71.5	68.9	1796.5
2016	73.2	67.3	1796.5
2015	75.1	65.6	1797.9
2014	89.2	55.2	1797
2013	89.4	55.1	1798.1
2012	92.7	53.2	1798.5
2011	94.2	52.0	1788
2010	94.3	52.0	1790

2010—2017年城区居民人均用水量为84.95L/d，最高日用水量计算为113～124L/（人·d），处于《室外给水设计规范》（GB 50013—2006）居民生活用水定额二区中小城市平

均日用水量(70～120L/(人·d))规定范围内,呈逐年降低的趋势,且越来越接近下限值。一般来讲,随着居民生活水平的不断改善,人均生活用水量应该逐年递增。

天水地区人均用水量降低的原因如下:

一是,天水市人口数量虽然每年增加,但是家庭数量增长较低,总用水量有下降趋势;

二是,各个家庭节水型卫生器具普及率不断提高,卫生器具节水效果明显;

三是,水费相应增加,节水意识也在不断加强。

但与《民用建筑节水设计标准》(GB 50555—2010)所规定的二区中、小城市平均用水量60L/(人·d)相比较高出41.58%,说明节水效果还有很大的提升空间。

城区居民用水状况相当复杂,为取得较详尽、真实的资料,确保最终成果具有代表性和真实性,采用抽样调查方法,以天水市秦州区金宇花园、天河小区、和谐家园三处规模大、入住率高的小区为调查对象,得出三个小区 2017 年 7—9 月日平均用水量。

小区日均用水量统计表   L/(人·d)

月份	金宇花园	天河小区	和谐家园
7	68.0	73.0	72.2
8	65.2	71.0	71.0
9	62.8	68.0	65.0
均值	65.3	70.7	69.4

8—9 月用水量一般为全年用水量最大时段,对三个小区平均日用水量的对比,金宇花园 2003 年建成,530 户中,中年人和老年人家庭居多,用水相对较少;天河小区与和谐家园小区建成时间较晚,年轻人家庭相对较多,家中用水设备较多,用水量大。与规范(取 60L/(人·d))规定值比较,这个三个小区人均用水量分别超出 25.50%、17.78%、15.67%。

5. 农村居民用水量

农村生活用水量方面资料的缺乏,是影响我国村镇市政建设的因素之一。了解村庄的生活用水量现状、影响因素及变化趋势,可以为村镇的市政建设和改造提供基础资料,也为农村居民如何科学用水、节约用水、循环用水、改变用水习惯提供方法和措施。

以 2019 年 5—6 月天水市选取 11 个村庄为调查对象,调查的生活用水量,包括村民的洗衣、烹饪、冲厕、淋浴和其他用水量。

本次调查共访问了 513 位村民,并让村民填写一份生活用水量自测表,所调查的农村有两种形式:一是传统的种植业型村庄,多数村民以传统种植业为主,以外出打工为辅;二是城镇型村庄,其居住环境和作息习惯类似于中小城镇,村庄建筑以楼房为主,村民收入以打工为主。可以看出,城镇型的村庄比传统种植业型村庄的用水量大。

根据上表的统计计算,村庄的平均人均日用水量为 15.16L/(人·d)。根据调查情况,各村基本上没有坐便器,以旱厕为主。其中,嫘杨村、张白村、仓王山和大庄村为限时供水,各个村庄年轻人外出打工或就学的较多,房屋空置率较大,空置房几乎不用水。按照甘肃省《农村生活饮用水卫生标准》,农村基本生活用水量为 13～26L/(人·d),调查用水量在甘肃省的规定标准之内。

农村日均用水量统计表

序号	村庄	户数	人数	用水器具类型使用情况/个					每户日用水量/(L/(户·d))	村庄类型
				洗脸盆	大便器	淋浴器	洗衣机	水龙头		
1	杨家庄	10	48	10		8/10	10	10	26.0	农业型
2	杨家坡	11	46	11		9/11	10/11	11	34.2	城镇型
3	芦家湾	11	52	11		7/11	10/11	11	31.9	城镇型
4	巩家山	11	50	11		6/11	7/11	11	30.2	农业型
5	付家河	11	40	11		10/11	9/11	11	39.5	城镇型
6	大庄	11	52	11		7/11	9/11	11	30.0	农业型
7	城子	11	33	11		8/11	9/11	11	44.8	城镇型
8	苍王山	11	63	11		7/11	9/11	11	25.5	农业型
9	张吴山	12	65	12	4/12	2/12	8/12	12	41.4	城镇型
10	矮杨村	10	33			3/10	5/10	10	35.5	城镇型
11	张白村	10	31	2/10		7/10	6/10	10	36.0	城镇型
	平均值								34.1	

二、影响用水量因素

影响生活用水量的因素较多,分别从用水设备、生活习惯和家庭收入等方面进行分析。

1. 用水设备

以天水市金宇花园 100 户住户为调查对象,对家庭用水器具的型号类别进行统计。

用水器具类别及数量

洗衣机类别	户数	坐便器类别	户数	水龙头	户数	淋浴器	户数
全自动	45	4.5L	10	充气型	0	增压节水型	0
半自动	50	3L/6L	90	普通	100	普通	100
高档节水型	5	1.4L/4L	0				

对于洗衣机来说,档次越高,用水越多,小区内没有高档次的洗衣机。因此反应出该小区用水量相比被调查的其他两个小区要少。一般洗衣用水占生活用水的 1/3,为了节约用水,建议不要使用耗水过多的洗衣机类型,该措施对节水的效果非常显著。

调查表中 4.5L 的一档马桶,属于淘汰产品,该小区仍然有 10% 的住户使用,90% 的用户已经更换 3L/6L 的两档马桶,大、小便分档冲洗,较为节水。目前推广的 1.4L/4L 的两档马桶,小区没有住户安装。水龙头和淋浴器全部为普通型,没有节水的充气型水龙头和增压节水型淋浴器。可以看出,该小区建造时间较长,所用卫生器具均非节水型产品,并且年久失修,漏水现象比较严重。同类型的小区天水市较多,一般一个家庭的马桶用水就占了全家生活用水的 1/3,更换节水型的卫生器具,在节约用水、解决天水供水困难方面,还有很大的潜力可挖。

2. 用水习惯

每个家庭的用水习惯,是影响耗水量的重要因素。比如,是否采用"一水多用"的概念,就是用洗菜水、洗衣服水和洗脸水用来拖地和冲厕所;是否能在洗手或洗脸时,及时关闭水龙头;是否摒弃频繁用水,或用水时大手大脚等习惯。

根据调查显示,有"一水多用"习惯的家庭,比没有该习惯的家庭用水量明显减少。经统计结果分析,89%的家庭把洗衣后的水直接放掉,其每月平均用水量约 10t;11%的家庭把洗衣后的水留起来拖地或者冲马桶,每月平均用水量约 5t。可见,培养用水好习惯,是节约用水资源的有效途径。

3. 家庭收入

从调查中可以看出,用户的用水量随着其收入的增加而增加,即用水量与收入的变化成正比关系。一方面,当收入较多时,水费支出占家庭总支出的比例很低,易使居民节水意识下降,引起用水浪费,造成用水量的增加;另一方面,收入的增加会刺激人们增加用水设备,特别是增加淋浴器、浴缸、鱼缸等用水量大的设备,引起用水量的增加。

三、节水措施

1. 调节水费

世界银行和一些国际贷款机构的研究表明,当水费支出占家庭收入的 1%时,对居民心理影响不大;当水费占家庭收入的 2%时,有一定的影响;当水费占家庭收入 2.5%时,将引起居民重视;当水费占家庭收入的 5%时,将对居民产生较大影响,促使人们合理用水、节约用水。

阶梯水价是对使用自来水实行分类计量收费和超定额累进加价制的简称。阶梯水价可充分发挥价格的杠杆作用,调节用水需求,增强企业和居民的节水意识,避免水资源的浪费。阶梯水价是指将水价分为两段或者多段,每一段有一个单位水价,并呈阶梯式上涨,居民用水一般规定在价格较低的第一段内,当超过该段时,单位水费明显抬高,致使用户的水费增加,从而限制用户过多用水。天水市于 2016 年 1 月 1 日起,已经实行城镇居民用水阶梯价格制度。

2. 推广节水器具

节水器具的使用能够节省很大一部分用水量,可以减轻水资源的开采压力,相应减少了污水的排放量和处理量。目前,节水型器具价格较高,如果国家对节水用具进行补贴,加强对节水设施产品的研发和推广,对节约用水、保护环境的意义十分重大。

居民用水占城市总供水的 70%,一般家庭消耗水的设备,主要有水龙头、马桶、洗衣机、淋浴器等。用水设施是否节水,对于家庭用水量有很大的影响。以家庭常用卫生器具为例分析。

1) 水龙头

普通水龙头半开和全开时,最大流量分别为 0.42L/s 和 0.72L/s,对应的实测压力分别为 0.24MPa 和 0.50MPa;节水型水咀半开和全开时,最大流量分别为 0.29L/s 和 0.46L/s,对应的实测压力分别为 0.17MPa 和 0.22MPa。以每户给水入户水压 0.08MPa 左右,标准节水水咀流量为 0.15L/s 比较,节水型比普通型水咀节水效果更加明显。

2）节水便器

两档式节水型坐便器水箱在冲洗小便时，冲洗水量为 3L；冲洗大便时，冲洗水量为 6L。以三口之家计算，每人每天大便 1 次、小便 3 次，用水量为 45L/d。采用新型直排节水坐便器（用水量为 1.4L/4L），冲洗小便时，冲洗水量为 1.4L，冲洗大便时，冲洗水量为 4L。同样的家庭结构，用水量为 24.6L/d。采用该种节水型坐便器是普通坐便器用水量的 54.7%，几乎能节约一半的水，节水效果更加明显。

3）节水型淋浴器

节水型淋浴器主要通过在淋浴器内增加增压设施或者增加加气装置，从而增加花洒的水流强度，减少花洒的过水流量，从而达到节水的目的。一般情况下，设计精良的淋浴器可以节水 20%～50%。

4）加强节水宣传

为提高居民节水意识，从 1992 年开始，住房和城乡建设部把每年 5 月 15 日所在的那一周定为"全国城市节水宣传周"。据测定，"滴水"在一个小时就可以集到 0.18kg 水，一个月就可以收集到 0.13m^3 水，这些水量可以供给一家人一个月的生活所需。长期以来，人们普遍认为水是"取之不尽，用之不竭"的，当大家都知道我国水资源人均量并不丰富，地区分布不均匀，年内变化较大，加之目前水体污染频出，水资源更加紧缺时，应该到警醒的时候了。节水要从爱惜每一滴水做起，从我做起，使每个人都能培养出节约用水的环保意识和文明习惯。

四、城市居民用水量调查

为了明确城市居民实际用水量，选取了天水市具有代表性的 6 个住宅小区，分别进行了居民日常用水量的调查。

1. 调查取样小区的情况介绍

2018 年度各户日用水量为调查对象，分别对日平均用水量及家庭生活中厨房、洗衣、洗脸、洗澡、冲厕和卫生用水量进行统计分析。

本次调查的 6 个小区分别为：大唐人家、润天家园、石马坪供电局家属区、电缆家属区厂、罗玉小区水泥厂家属区和坚家河南明路小区。

6 个小区总户数为 3941 户、13800 人，其中大唐人家、润天家园和供电局为国有大型企业居住区，建筑普遍都是 2004 年以后建造，住户居住环境良好，卫生器具配置齐全且档次较高，电缆厂、罗玉小区水泥厂和南明路小区内建筑修建年份较长，小区配套实施老旧，居民生活水平一般。

2. 数据分析

11 月至翌年 2 月以及 1 月基本为用水量低峰期、5—9 月为用水量高峰期，从 2 月开始用水量逐月增长，这和天水地区生活环境、生活习惯、气候等因素密切相关；大唐人家各月用水量波动较大，主要是因为该小区 2 月、6 月、9 月为甘谷大唐电厂主要生产月，职工值班人数较多，所以这 3 个月用水量偏低。

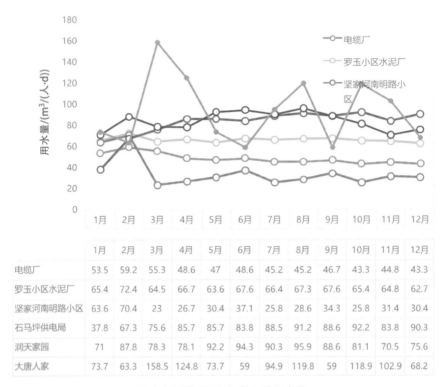

	1月	2月	3月	4月	5月	6月	7月	8月	9月	10月	11月	12月
电缆厂	53.5	59.2	55.3	48.6	47	48.6	45.2	45.2	46.7	43.3	44.8	43.3
罗玉小区水泥厂	65.4	72.4	64.5	66.7	63.6	67.6	66.4	67.3	67.6	65.4	64.8	62.7
坚家河南明路小区	63.6	70.4	23	26.7	30.4	37.1	25.8	28.6	34.3	25.8	31.4	30.4
石马坪供电局	37.8	67.3	75.6	85.7	85.7	83.8	88.5	91.2	88.6	92.2	83.8	90.3
润天家园	71	87.8	78.3	78.1	92.2	94.3	90.3	95.9	88.6	81.1	70.5	75.6
大唐人家	73.7	63.3	158.5	124.8	73.7	59	94.9	119.8	59	118.9	102.9	68.2

天水市居民 2018 年度生活用水量

经过加权平均计算天水市居民平均日用水量

$$Q = \frac{35.4 \times 36 + 48.2 \times 2350 + 66.14 \times 140 + 81 \times 428 + 83.6 \times 502 + 93.4 \times 485}{36 + 2350 + 140 + 428 + 502 + 485}$$

$$= 68.30 L/(人 \cdot d)$$

现行室外给水设计标准(GB 50013—2018)规定,天水市属于二区中等城市,居民用水量的标准为 60~110L/(人·d),此用水量与标准相比处于较低水平。与国家统计年鉴资料计算出天水市 2015—2017 年度居民平均日用水量差距较小,并且呈逐年下降的趋势。一般来讲,随着居民生活水平的不断改善,人均生活用水量应该是逐年递增,天水地区反而降低。分析其原因,因为天水市城区人口不断增长,且各个家庭节水型卫生器具普及率提高和节水意识逐年增强,家庭总用水量变化微小,所以每人平均生活用水量不升反降。

为了进一步验证家庭生活用水水量占比及用水量情况。另外参照 60 户人的样本数据,通过数据比对分析,各户日用水量波动较大,范围在 35~138L/(人·d)。说明了天水市居民生活条件差异性较大,与天水市居民人均收入和以房地产为主要导向经济的现状相符。

洗澡、洗衣、马桶和厨房用水量较大,其中优质杂排水占比为 61%,能够用家庭优污处理器收集的为洗衣 6%、盥洗 21%用水,共计 27%,此部分用水可以通过优污处理器集中处理后再用于冲厕。

3. 城市居民用水量预测

根据人口基数和人口自然增长率,可以预测 2025 年和 2030 年天水市人口规模,从而给予相关部门规划天水市给水排水管网规模及投资时一些参考。

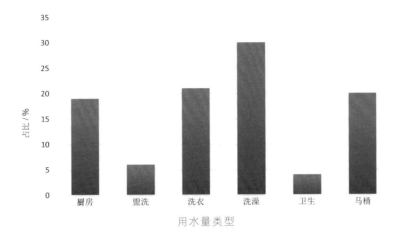

人口及用水量预测

年份	居民人口/万人	用水量/万 m³
2018	68.90	4.71
2025	90.67	6.20
2030	106.11	7.25

4. 小结

综上可知,天水居民平均用水量为 68L/(人·d),居民生活用水量变化规律随季节变化较为明显,具体表现为 11—12 月以及 1 月基本为月用水量低峰期,5—9 月为用水高峰,最高用水量是 158.5L/(人·d),最低用水量 23L/(人·d);影响生活用水多少的因素较为广泛,但在调查中发现水价和居民收入情况为占比最高。

根据上述数据计算得天水市最高日用水量 $Q = 68.3 \times 1.46$(日变化系数)$= 99.72$L/(人·d),未超出甘肃省 2017 年行业用水定额中 100L/(人·d)的上限要求。但是也说明天水市在开展节水设施和器具推广,采用先进的节水技术及工艺等方面还有积极提升空间。也可减轻城市管网和水处理设施建设投资成本,降低排污耗能。

五、结论

天水地区城区人均每日生活用水量为 68.50L,接近国家对同类城市规定的最低标准,农村人均每日生活用水量为 15.16L,属于较低水平。城市用水通过节水措施,可挖掘出 30% 的降低空间,类似天水市这样的城市,城市居民用水的每日人均供水量,应按照 45L 的标准确定。从而引导该地区的设计和决策,合理地开发水源,配置给水管网,直至计算确定室内给水管径,已达到节约资源、节约投资的目的,从另一个角度说是减少了浪费,保护了环境。

第四节 张吴山村建设规划

一、前言

通过对张吴山村经济现状、社会条件的评价与分析,本着尊重历史、研究现状、展望未来的原则,依据自身的资源和优势,突出天水特色,遵循前瞻性、示范性和引领性的规划理念。在山坳中避免大拆大建,尽量利用现有的住宅院落进行规划,在原址上以改造危旧房为主,形成新的风格。

规划期为 2014—2024 年。规划范围为张吴山村下辖张家山、吴家山和鸡儿咀三个自然村。规划内容是对该自然村进行旧村改造、提升,规划面积共 12.75hm^2。

张家山村现状航拍图

二、土地利用规划

土地利用现状是以现有的村庄用地为界,其面积为 9.98hm^2,占拟规划村庄用地的79.52%。规划后的用地,村庄建设用地规模达到 12.33hm^2,占规划范围的 96.71%。

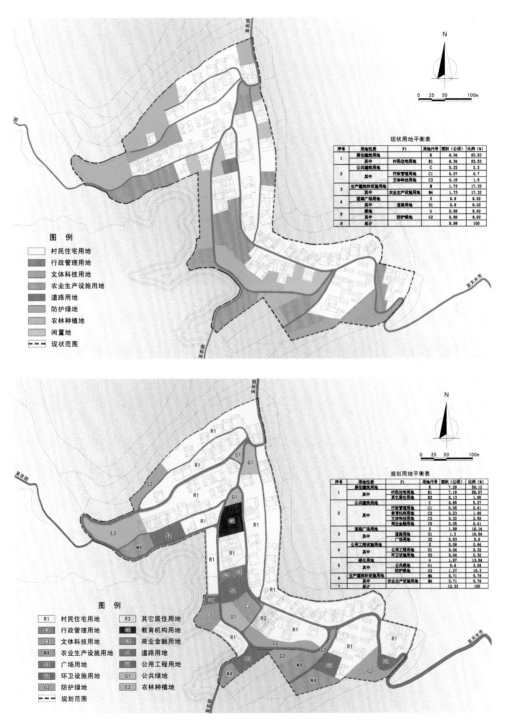

现状、规划用地及平衡表

整体效果图

三、村庄建设规划

规划尽量结合原有道路,对村庄原有道路进行疏通整理,拓宽部分道路,并将村庄次干道形成环路,整个路网形成网状环形布置的道路结构。将村庄内的打麦场等闲置地,改造成景观节点,提升村貌形象。规划对村内的危旧房进行拆除并在原址上新建,保留现有大部分农户住宅,对其进行修缮再利用,加固墙体提高抗震能力,增加保温措施改善热工环境,改造平面增加水暖电设备,提升房屋的整体使用功能,满足村民对现代生活水平的要求。拆除村内超出道路红线的违章建筑及围墙,保障村内主次道路及宅间道路的畅通。在总平面图的红线范围内做了如下工作。

本次规划布局结合张家山自然村的地形条件、交通条件和区位优势,其功能将构成"一心、一轴、五片区":

"一心"——以新建的广场及周边村委会、养老院、商业和文化活动设施形成行政办公、休闲文化和商业中心;

"一轴"——沿村内南北向主要道路所形成一条村庄发展主轴线;

"五片区"——规划布局形成三个居住片区;以广场为核心形成一综合片区,在村庄西北部空地形成发展预留片区。

在村庄中心一较为开敞空地上,规划修建中心广场、公共服务设施和公共景观绿地,为村民提供一个政策宣传、文化娱乐、体育锻炼、休闲聊天、民俗曲艺的公共场所。充实村民精神文化生活的同时,营造一个村庄内情趣丰富、积极向上、和谐共享的幸福美好的环境。

中心广场结合地形高差,分为两个部分,即文化广场与休闲广场。文化广场以硬化为主,中间设有旱地喷泉,广场的东端为戏台,广场也是戏迷看戏的地方,广场北端为两个二层四合院,内设村委会、卫生所和阅览室;休闲广场在文化广场南侧,主要以休闲绿地为主,

经济技术指标		
名称	单位	数量
总用地面积	m²	123300
总建筑面积	m²	20326.97
其中 居住建筑面积	m²	17547.68
一层住宅建筑面积	m²	12604.45
二层住宅建筑面积	m²	4943.23
公共建筑面积	m²	2779.29
其中 村委会建筑面积	m²	479.36
幼儿园建筑面积	m²	573.56
养老院建筑面积	m²	1292.33
卫生所建筑面积	m²	325.04
商业建筑面积	m²	54.00
公厕建筑面积	m²	55.00
建筑基底面积	m²	17226.25
活动场地面积	m²	1601.18
中心广场面积	m²	1879.47
道路面积	m²	13000
绿化面积	m²	4000
容积率		0.165
建筑密度	%	13.97
绿化率(公共绿地)	%	3.24
停车位	辆	139
其中 小汽车停车位	辆	135
客车停车位	辆	4
总户数	户	98
其中 一层住宅户数	户	79
二层住宅户数	户	19

图　例
① 村委会
② 幼儿园
③ 卫生所
④ 敬老院
⑤ 庙宇
⑥ 广场
⑦ 戏台
⑧ 活动场地
⑨ 停车场
--- 规划范围

户型一（1F）
户型二（2F）
共98户，其中：
户型一79户，户型二19户。

总平面布置图

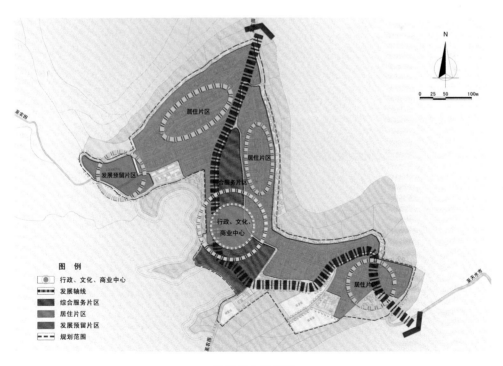

图　例
行政、文化、商业中心
发展轴线
综合服务片区
居住片区
发展预留片区
--- 规划范围

功能结构规划图

内设篮球场、健身器材、对弈台和报刊亭,休闲广场的东南侧为敬老院,广场又是敬老院老人的活动区。

文化广场较为开阔,铺地多为硬化,节日期间作为观戏或者村民聚会场地,平时可供村民跳广场舞。休闲广场,主要是村民休闲、散步、篮球运动、下棋聊天、太极养生、了解时事政策及村务活动的场所。

在规划范围内修缮并新建碾麦场4处,停车场3处,停车场考虑将来村庄发展农家乐及度假使用。同时在村庄边缘东南部入口处建垃圾收集点一处,考虑卫生的同时方便内外转运。

广场效果图

四、单体建筑规划

1. 单元院落

布局上采用天水农村传统的四合院形式为单元,堂屋大致为坐北朝南,主房两侧设耳房,院子两侧设厢房,大门基本设在东南方位。庭院可满足村民户外活动、种植、晾晒等生活需要。本规划中推荐了三种院落户型:一是原建造和保护较好的典型院子,二是单层示范性四合院,三是主楼二层示范性四合院,均为砌体结构。

张家山典型院子一,长为 18.5m,宽为 15.6m,占地面积 288.6m^2,总建筑面积 166.68m^2。

该院为单层建筑,建筑高度为 4.05m。

张家山典型院子二,长为 14.3m,宽为 17.6m,占地面积 251.7m²,总建筑面积 166.68m²。该院为单层建筑,建筑高度为 4.05m。

单层示范性四合院,长为 15.74m,宽为 17.12m,占地面积 269.46m²,总建筑面积 166.68m²。该院为单层建筑,建筑高度为 4.05m。

二层示范性四合院,长为 16.34m,宽为 15.19m,占地面积 248.20m²,总建筑面积 260.50m²。该院主房二层,厢房一层,建筑高度为 7.65m。

2. 建筑风格

精选天水传统民居建筑形式元素,勒脚采用三层青砖砌筑;外墙采用土坯墙(土黄色);堂屋、耳房屋顶采用双坡小青瓦,厢房屋顶采用单坡小青瓦,山墙山花部分墙面采用草泥灰抹面。以土黄色为主,原汁原味、土色土香,融入自然环境。细部设计注重体现地方特点,如局部建筑外墙的斜向收分、屋顶的举架、大门的匾额、抱鼓石、照壁、砖雕影壁、围墙漏窗、侧墙角的青砖柱及柱上榫头,廊柱上的平枋、立枋、雀替等参照天水传统民居的建筑形式。

单层示范性四合院

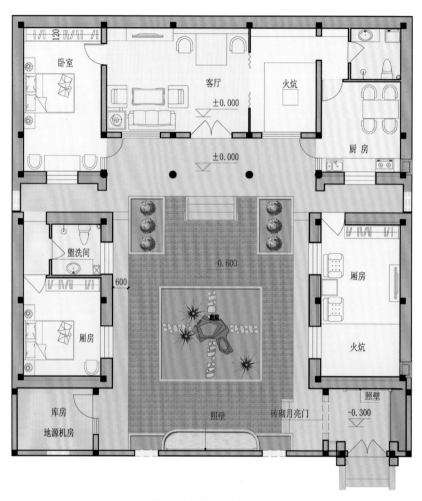

单层示范性四合院（续）

二层示范性四合院

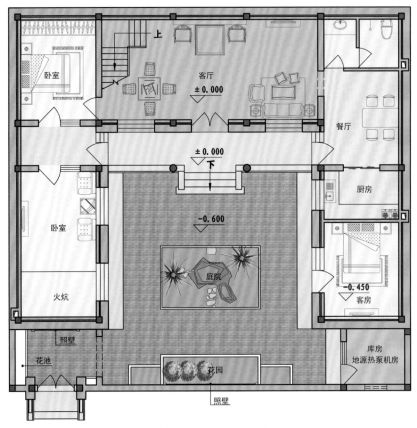

二层示范性四合院（续）

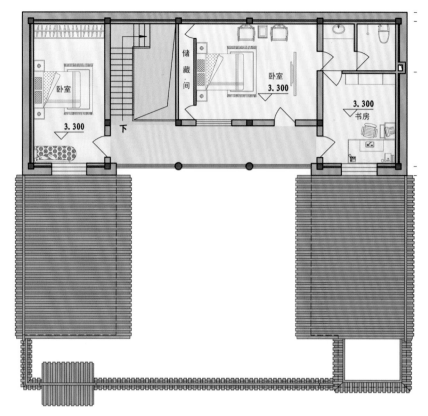

二层示范性四合院（续）

3. 示范性院落的适应性

根据目前农民的实际宅基地的大小及经济收入的状况，可以适当调整房间开间、进深大小或以分期建设满足不同的需求。单层户型院落宅基地可由 16m×18m，调整为 13m×15m，建筑面积由 288m^2 调整为 195m^2。

二层户型院落宅基地面积可由 16m×18m，调整为 13m×14m，建筑面积由 288m^2 调整为 182m^2。

五、公共建筑项目规划

在中心广场旁边，布置村委会、敬老院、活动室、卫生所、公共绿地及商业服务网点等，方便服务于村民。幼儿园设在中心广场的北侧。

（1）规划新建幼儿园 1 处，用地面积 560.8m^2，建筑面积 573.6m^2；

（2）规划新建村委会综合楼，用地面积为 366.4m^2，建筑面积 479.4m^2，其中一层包含信用社、邮政、棋牌室、健身室和曲艺室，二层为村委会资料室、会议室和村委办公室；

（3）规划养老院 1 处，用地面积为 689.9m^2，建筑面积 1322.3m^2；

（4）规划新建医疗卫生服务站 1 处，建筑面积 334.9m^2；

（5）规划便民商店 2 处，建筑面积 59.2m^2；

（6）规划新建中心广场 1 处，用地面积 1879.5m^2；

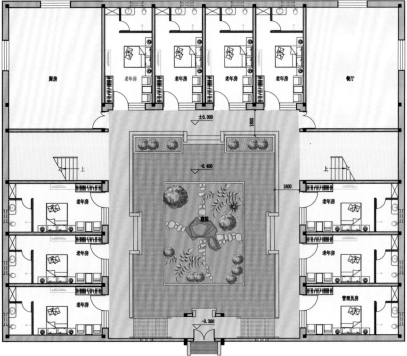

敬老院效果图

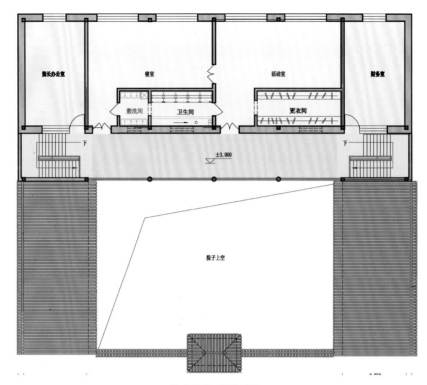

院长办公室　　　　　寝室　　　　　活动室　　　　财务室

盥洗间　　卫生间　　　　更衣间

下　　　　　　　　　▽±3.000　　　　　下

院子上空

敬老院效果图（续）

幼儿园效果图

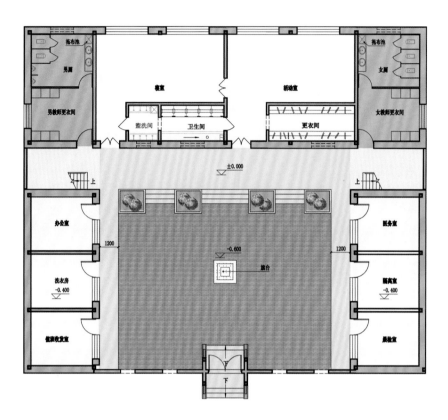

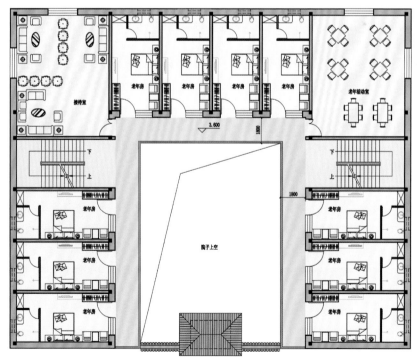

幼儿园效果图（续）

（7）规划停车场 3 处，总用地面积 4316.9m²；

（8）规划公厕 1 处，总建筑面积 55.0m²。

村委会、卫生所效果图

六、绿地景观系统规划

1．绿地系统规划

本次规划未做较大面积的集中绿化，主要在广场周边做较大面积的公共绿地，沿村内交通干道及排洪沟周边布置绿化景观带，村内以小块绿地为主，搞好区内环境，保持田园风光。构筑张家山村"点、线、面"结合的生态和谐的绿化系统。

绿地系统规划结构为："一心、一轴、三节点"。

"一心"——以休闲文化广场西南侧公共绿地为主要的绿化核心，形成张吴山村中心绿地，为村民提供主要的休闲、娱乐场所。

"一轴"——以广场西侧主要道路为绿化景观轴，形成张家山村绿化景观廊道，改善村民生活环境。

"三节点"——以居住片区周边、广场及小块绿地为绿化景观节点，使公共绿地深入每条巷道，做到处处有景，搞好区内环境。

规划在村庄主次道路种植行道树，树种主要以国槐、柳树、松、柏为骨干树种，小块绿地再配以花卉和常绿灌木进行点缀。

2．生态保护

张家山村规划要求在村庄周围加强生态保护和基本农田保护，要保持优良的田园景色。

3. 村庄建筑景观及空间构成

通过本次规划力求使张家山村的建筑与环境有机地构成一体,体现出张家山村新农村建设新面貌。

规划要求村庄的建筑新颖、美观,主要道路的建筑要高低错落有致,前后有序,以达到丰富的建筑与环境空间效果,使人与自然、建筑、环境有机地构成一体。

环境设施小品主要包括场地铺装、围栏、花坛、园灯、座椅、雕塑、宣传栏、废物箱等。各类小品主要布置于道路两侧或公共空间,尺度适宜,结合环境场所要求,采用不同的手法与风格,营造丰富的村庄环境。在村内的不同活动场地和公共绿地上,结合村民的日常生活,配置有特色、经济、美观的建筑小品,提高村民的审美取向。

七、道路系统规划

1. 道路系统规划

(1) 规划目标:近期,村内主要道路及宅前道路修建完成,道路主框架基本形成。末期,形成完善的道路网络及其良好的道路状况,疏通边界内外交通。

(2) 规划原则:合理确定路网等级和功能分区,形成有机的路网系统;路网规划与交通功能、用地功能、绿化景观有机结合。

(3) 道路等级及横断面:张家山村道路系统可分为 4 个级别,村镇道路、主干道、次干道和宅前路,断面形式均为一块板,村庄内部道路采用水泥混凝土路面材料。

(4) 村镇道路:道路红线 6.0m;主干道:道路红线 4.0m;次干道:道路红线 3.0m;宅前路:道路红线 2.5m。4.0m 以上道路可通行消防车。

现村庄宅前道路宽度为 1.0~1.5m,应进行整治,道路宽度控制在 2.5m 左右。

实现巷道硬化、主要道路亮化的工程,规划在主次干道设置路灯,间隔 30m 设置一处。

2. 广场

在规划用地的中部设有建立中心休闲文化广场,用地面积 0.1827hm^2。

3. 停车场

结合张家山空闲用地布局,在村庄西北部碾麦场东侧规划停车场一处,停车数 58 辆;在村南部碾麦场东侧规划设置停车场二处,停车数 81 辆,其中 77 个小汽车车位,4 个中型客车车位。

八、公用工程设施规划

1. 给水工程规划

用水量标准、用水量预测:

规划张家山村共 98 户,全村共 410 人。

用水量标准:90L/(人·d)(规范中无淋浴 40L/(人·d))。

消防用水量:10L/s,延续时间 2h,总消防用水量 72m^3。

每户:0.38m^3/d;全村:36.9m^3/d。

(1) 给水系统方案一:对现有水源进行修缮改造,做好防渗漏处理、扩大水源范围、增加高位水池容积,建造一座 $50m^3$ 钢筋混凝土高位水池。

(2)给水系统方案二:对现有的 $14m^3$ 的高位水池进行修缮改造,该水只用作居民餐饮用水。冲厕、洗浴、洗衣及绿化等水由雨水窖提供,每户设 $25m^3$ 圆柱形水窖一口,收集本院雨水。

根据张家山村实际情况,建议给水系统采用第二套方案即由水源井和水窖联合供水。

2. 排水工程规划

排水现状:张家山村现状排水是农户采用旱厕,基本无污水排放,废水及雨水依据村庄自然地势无组织排放。

排水体制:规划张家山村排水体制为雨污分流制。

1)污水工程

污水处理目标:至规划期末,污水处理率达到 100%。

污水量预测:根据一般经验,污水量取给水量的 90%,结合污水处理率,则污水量每户 $0.34m^3/d$,全村 $33.2m^3/d$。

污水处理方案:农村生活污水主要来自农家的厕所冲洗水、厨房洗涤水、洗衣机排水、淋浴排水等。由于生活污水中的污染物是以有机物为主,其生化性较好,所以通常情况下生活污水的处理都是采用生物处理的方法。

(1)污水处理方案一。

设普通(高效)化粪池和人工湿地。

工艺流程:污水→化粪池→人工湿地→农田灌溉或排放。

每户院子设一座 $2m^3$ 普通玻璃钢化粪池,经化粪池处理后的污水排至院外道路,由污水管道统一收集后排至村落附近洼地或荒地上的人工湿地,出水能达到直接排放标准。

高效生物化粪池是在普通化粪池上加以改造型成,增加特殊填料,增加污水停留时间。其处理工艺是利用厌氧微生物对有机质发酵、分解作用,达到污水的净化。可降低化粪池出水异味。

(2)污水处理方案二。

设普通化粪池和埋地式污水处理设备。

工艺流程为:污水→普通化粪池→埋地式污水处理设备→回用或排放。出水能达到二级排放标准。可回用做绿化、景观、洗车等用水。

全村集中设一套 $40m^3/d$ 埋地式污水处理设备,该设备采用 A/O 膜分离技术的组合工艺,以膜组件代替传统生物处理工艺中的二次沉淀池,由于膜生物反应器中的高浓度活性污泥和特效菌的作用,提高了生化反应速率,减少了剩余污泥产量,在膜组件的高效截留作用下使泥水彻底分离,实现出水直接回用。该设备一次性投入较大,日常费用较低,无须专人管理。直接运行成本为 $0.3 \sim 0.4$ 元/t 水(电费按 0.5 元/度计)。

每户污水由污水管道统一收集后排至村落最低处,经日处理水 $40m^3$ 污水处理器处理,处理后的"中水"可直接排放,或者做绿化景观等用水。

(3)污水处理方案三。

使用我们研究所的专利成果《家庭优质杂排水处理设备》以及《节水型免排马桶》,共同进行家庭污水的处理,使优质杂排水处理成"中水"回用,粪便进行打包处理,可运至田间地头进行堆肥。该方案做到了污水不外排,优质杂排水家庭内处理循环使用,粪便家庭内自动化处理,是一次真正的"厕所革命"。相比上述方案,该方案实施的成本较低,实施的可行性最大。

根据张家山村实际情况,建议污水处理采用第三套方案即家庭优质杂排水设备和节水型免排马桶。

2)雨水工程

道路雨水依据村落地形地势、道路交通条件以及院落建设布局等具体情况,在每条道路上设排水沟自然排放。

3. 供热工程规划

1)供暖现状

本村无市政供暖热源,各农户用土炕烧柴禾及用煤炉烧煤采暖。

2)规划供暖方案

规划户型三种:一是原建造和保护较好的院落;二是单层示范性四合院;三是主楼二层示范性四合院,房屋采暖规划采用低温地板辐射采暖系统。

3)集中热源

每户设一个集中热源,用热水作为热媒,通过以下6种方法进行加热。

(1)生物质秸秆燃烧炉。利用该炉,加热家用集中热水器。优点是燃烧充分、运行自动化、投资、运行费用低;缺点是目前燃料加工地方少,货源不能保障。

(2)空气源热泵。空气源热泵机组将空气中的低温热量吸收进来,经过热泵机组后转化为高温热能,以此来加热家用集中热水器。优点是节能环保、运行安全;缺点是投资和运行费用高,能效比差。

(3)土源热泵。土源热泵机组将土壤中的低温热量吸收进来,经过热泵机组后转化为高温热能,以此来加热家用集中热水器。优点是节能环保、运行安全;缺点是投资运行费较高,不适用仅做采暖的供热方式,结合制冷系统使用较合理。

(4)天然气供热,利用天然气作为能源,直接加热家用集中热水器。优点是环境污染小;缺点是初投资费用大,天然气向农村供应目前很难实现。

(5)市电采暖。利用市电作为能源,直接加热家用集中热水器。优点是清洁、可利用谷峰电加热热水,热源基本无投资费用;缺点是运行费用过高。

(6)太阳能采暖。利用太阳能光伏板发电作为能源,加热家用集中热水器。优点是太阳能属于清洁能源,运行费用小;缺点是首次投资较大。

本规划主要推荐方案(6),可用方案(1)和(5)作为补充。

4. 电力工程规划

规划 2024 年该村庄共有 98 户,共计 410 人,公共建筑 2779.3m²,现有王家磨村变电站引来的 10kV 农电电网。

(1)规划内容:10kV/0.4kV 变配电规划,照明、动力和路灯规划。

(2)电源:本次规划供电由秦州区王家磨村变电站供电,在村庄中部建设变压器。

(3)负荷估算:村庄内公建每平方米按 30W 估算,住宅每户按 5kW 估算,市政照明按每盏 100W 计算,不可预见的负荷按总量的 10% 计算。根据计算汇总并考虑发展,预测总用电负荷为 278.0kW,选用一台 315kV·A 的杆式节能型变压器。

(4) 供电方式:10kV 高压线路规划沿北侧采用架空线引至杆变,低压供电线路、进户线采用电力电缆直埋。采用三相四线制供电方式,杆式变压器出线 380/220 低压线路至用户处。

(5) 室外照明:规划选用太阳能 LED 路灯、庭院灯和草坪灯,由光电控制器进行控制。

5. 通信工程规划

单一采用通信光纤(宽带),规划从太京镇引进光纤到户,村内设有数据分线箱 3 台,用户分支光纤均从分线箱中接线分支。电话、数据采用皮线光纤,沿路边人行道埋地敷设。

6. 管线综合规划

本次规划所包含的管线有给水、排水、电力、电信 4 种管线。根据《城市工程管线综合规划规范》(GB 50289),工程管线在道路下面的规划位置相对固定,管线平面布置顺序,管线平面布置原则:东西向道路,由北向南管位依次为电力、给水、排水、电信管线;南北向道路,由西向东管位依次为电力、给水、排水、电信管线。电力管线、电信管线架空敷设。

地下工程管线最小覆土深度分别为:给水管 1.5m、排水管 1.5m。排水管随道路坡度和排水需要确定,各支管可根据具体情况适当减少埋深,以满足最小的埋深为原则。

九、综合防灾规划

1. 消防规划

现状存在问题:各类公共设施内部基本未配置灭火器等消防设施,现状道路路况通行能力较差,消防车可达性受影响。

消防规划:救援通道宽度不应低于 4.0m,以保证消防车能在主干道和次干道上通行,确保消防通道形成环路。主要道路应每隔 120m 设置消防栓一处,与给水管网合并,保护半径不超过 150m。建立火灾报警系统,在公共场所增加防火灭火器材设施的设置,提高防火灭火能力。由村委带头,组建由村民构成的义务消防队,适当配备消防器材和个人装备。定期组织消防知识学习、演练,提高村民消防意识与能力。

2. 抗震救灾规划

(1) 避难场所规划:本次规划避难场所主要以中心广场、南北部停车场和碾麦场、幼儿园操场、公共绿地共计 7 处,人均面积应达 $1\sim2m^2$。避难场所应接有应急水源、应急电源等基本保障设施。

(2) 救援通道规划:选择村内干道作为救援通道,道路旁的房屋建设应满足房屋倒塌后,通道宽度不影响救援通行的要求。

(3) 生命线工程规划:主要包括指挥、供水、供电、通信、医疗救护、交通、消防等工程,用以维持生命救援、次生灾害控制防护等。

在村委会设救灾应急指挥中心一处,应急物资储备应与避难场所相结合设置,利用新建卫生所作为医疗救护中心；设置应急电源,配置通信对讲系统与各村民小组联系。

十、环卫设施规划

针对环境卫生的实际需要,拟定了环境卫生的收集及处理方式。张吴山村环境卫生建设重点主要放在垃圾处理和公共厕所的建设上,加强对绿化和垃圾、粪便处理方面的控制力度。规划有垃圾箱、垃圾集中收集点、垃圾转运站、公共厕所。

第二章

天水民居的传承和创新

第一节　大地湾房屋探究

一、华夏第一村大地湾原始聚落

远在距今 8000 年前,大地湾先民就已经在这里定居下来,种植生产了我国第一批粮食作物——黍,创造了我国乃至世界上最早的彩陶文化,建造了我国最早的房屋建筑。发现的 3 处大地湾一期(距今 7800～7300 年)的半穴圆形房址,是我国迄今为止考古发现中时代最早的一批房址,代表着史前建筑的源头,反映出当时较为原始的营建技术。

大地湾二期即仰韶文化早期(距今 6500～5900 年),在清水河南岸的二级阶地上,发掘出一处较典型的原始村落,经 C_{14} 年代测定距今 6500～5900 年,是一处壕沟环绕的村落遗址,面积大约在 $25000 m^2$。该处共发掘出土房址 156 座、灶坑 46 个、墓葬 21 座、制陶窑址 14 座、灰坑和窖穴 72 个,以及村落周围的壕沟、水渠 8 段,获取陶、石、骨器等各类文物 3271 件。村落遗址的壕沟内的房屋,可分为大型、中型、小型三类,其中大型的 1 座,中型 6 座,小型 149 座。

从一期发展到四期,所建房屋的变化特点,室内地面从半穴坑发展到地面,房屋平面由圆形变为方形,房屋内设施从没有发现灶坑到每个房子都有灶坑,建筑构造由粗糙到精细,建筑材料由单一到多样化。

1. 村落规划布局

整个村落由壕沟围成椭圆形状,村落的中心为活动广场,面积约为 $1000 m^2$;紧靠广场东侧为制胚和烧陶等手工作坊区;紧邻广场西侧为公共墓葬区;广场的西北角为 F246 (F229)大型房址。以上部分构成村落的中心区。

中心区的外侧有大小不等的 6 座中型房址,围绕中心区布置。每个中型房址和壕沟之间都有 20～25 座小型房址,小型房址在中型房址的外侧呈扇形散落分布。最为规整和典型

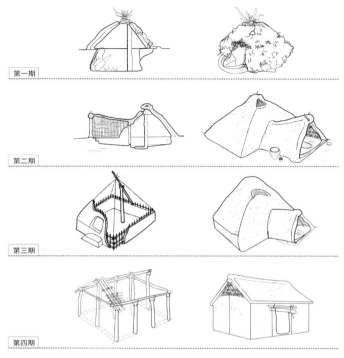

各期房址

大地湾早期房屋复原图

的是 F301 中型房屋,位于核心区外边的东南侧,门朝向西北方向的中心广场。该聚落内有小型房址 24 处,均围绕 F301 布置,门均朝向 F301 房屋,整个小型房屋以 F301 为中心。

从村落的整体来看,村落内每个聚落相对较为独立,恰似一个小型居住组团,呈扇形布置。整个村落由 1 个中心区和 6 个大小不等的聚落组成,聚落围绕在中心区外围散布,村落外围由壕沟环绕。村落内每个聚落中型房址门朝向广场,小型房址门朝向中型房址,构成一个个向心的封闭格局,是一个完整的、典型的我国远古时期的村落布局。

从以上布局可以看出,壕沟内用地面积约为 25000m^2,建筑面积约为 3380m^2,能居住 150 户(相当于目前的张吴山村),人口规模为 750 人。壕沟内建筑密度已达到 0.12%,从目前看是个人口较为集中的村落。

大地湾向心式聚落图

2. 各类房屋特点

壕沟内大型房屋 3 座、面积约为 60m², 中型房屋 6 座、面积约 40m², 小型房屋 148 座, 面积 15~25m²。其中, 大型房址 F229 和 F246 重叠, F246 较早居其下部, 均较完整, F229 和 F246 均为浅地穴式长方形平面, 尺寸基本一样; 中型房屋中较有代表性的是 F301, 为浅地穴式长方形平面, 其中 F311 和 F310 为套穴式房屋遗址, 即一室一厅的雏形。小型房屋中较为有代表性的是 F5, 还是为浅地穴式长方形平面。

F229 房屋遗址

F301 房屋遗址

3. 房屋构造及建造特点

房屋构造分为居住地面、穴壁、门道、灶坑、木立柱、屋面等部分。大地湾二期房屋地穴深度与一期相比开始变浅, 房子面积有所增大, 平面由圆形变为方形和长方形房址, 而且穴壁的四周有了墙柱。居住地面的处理上与一期相比也复杂起来, 出现了用草茎泥抹制地面和穴壁。使用草茎泥不仅能够防潮、防火,而且增强了房屋的密闭性,起到了隔风、保温的作用。

大地湾二期房址与一期房址最为明显的不同是房屋中出现了灶坑,用于烧煮食物和取暖照明。灶坑位置都比较靠近门口,设有放置火种罐的洞穴,灶坑还设有烟道,从门道下侧通向室外。

按照遗址痕迹可以看出,大地湾二期的建筑,施工已趋规范化,有一定的施工工序和步骤,最后还要对穴壁和地面进行烘烤,以起到加固和防潮的作用,故房内四壁和地面多呈红色或青灰色。

4. 村落墓葬区

大地湾二期前段墓葬均在中心广场,二期后段墓葬区已从中心广场迁到了壕沟以外,靠近壕沟的西南方向。各种墓向都存在,但以西、西北向居多。

大地湾二期墓葬中,女性墓穴大、间隔远、地势高,殉葬品也比男性多,存在妇女厚葬的习俗。这一时期,多处女性墓内有陶纺轮和骨针、饰物等物品,说明了当时妇女所承担的社会劳动分工和所处的主尊地位,从而反映了该时期仍然带有母系社会的痕迹。

5. 村落的演变

根据出土文物和地层关系不同,在大地湾二期前后 600 年的发展过程中,村落演变大致可分为前、中、后 3 个阶段。

前段,村落的壕沟内已经形成了中心广场,周边有 1 座大型房址、公共墓地和手工作坊等遗址。壕沟内共发掘出土房址 30 余处,按照房址间距的疏密程度,估计当时应有六七十处。

中段,村落壕沟内中心广场、大房址和手工作坊区还在,墓地没有再增大扩展到壕沟外边。村落仍以广场及中心房址为中心,这时期房屋已增加到 156 处。形成 6 个扇形聚落,围绕中心的封闭式格局。

后段,由于人口继续增长,村落规模进一步扩大,除了北部情况不明,东、西、南三面的房屋都已建在了壕沟之外,村落布局相较前两段显得比较凌乱,出现多中心格局。

大地湾二期文化原始聚落遗址的发掘,不仅较为全面地揭示出距今 6000 年前的村落布局,而且首次展示了村落在同一文化期不同时间段的发展变化,对探讨新石器时代早期文化发展、农业起源及史前聚落研究等提供了大量极其珍贵的资料,也为后来的城市规划和建设提供了珍贵的资料。大地湾二期最早原始村落的出现,反映出农业的繁荣及私有制的萌芽,预示着父系社会的来临,也反映了大地湾始终处于社会发展的领先地位。大地湾二期原始村落,在我国考古史上也占有极其重要的地位,其历史之久远,规模之宏大,布局之严谨,是我们先民聪明智慧的结晶,堪称"**华夏第一村**"。

二、最大的房屋——F405 房屋遗址

F405 大型房址建造于大地湾四期,位于清水河南岸的长虫山山腰的黄土台塬地上,遗址高出河床约 90m,房屋占地面积 270m^2,基本上坐南朝北。房屋为单一的长方形平面,使用面积为 155.68m^2。在建筑平面上,设有 3 个门,正门位于北墙的中部,东门和西门位于两山墙中间。

房屋墙壁仅存西墙和南墙两段,东墙和北墙及部分室内地面已被破坏。西墙残高 0.10~0.20m,南墙残高 0.55~0.72m,墙宽均在 0.62~0.64m。从残存的墙址看,墙内有木骨柱

残留下的柱洞100多个,根据测算木骨柱直径平均为0.15m,间距为0.35~0.40m。根据以上分析,四周墙体均为木骨筋草泥墙。

室内有2个圆木柱留下的柱洞,柱洞旁地面上残存草泥包皮,包皮有草绳缠绕痕迹,外表涂抹料礓石水泥砂浆,厚度为40~70mm。四周墙壁内侧,均有附壁柱的柱洞,根据分析有24根附壁柱,直径在0.45~0.52m,基本上均匀布置在内墙侧。房子两侧墙的外侧有柱洞28个,根据分析是支撑檐廊的檐廊柱留下的痕迹。

室内居住地面由40~70mm的料礓石水泥砂浆面层200mm的料礓石混合土防潮层和原土夯实层组成。根据室内留下的残存物分析,墙的内外表面、室内柱子、灶台表面和地面一样,涂抹有40~70mm的料礓石水泥砂浆面层。

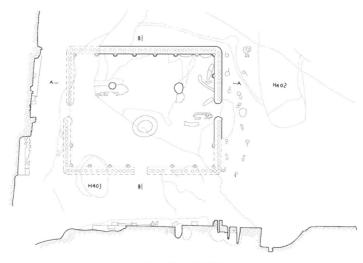

F405平、剖面图

F405大型房址的突出特点如下:

(1)建筑面积大。该房屋平面仅为一大间房子,这是同时期单一平面建筑面积最大的房屋。

(2)木骨筋草泥墙宽而高。根据南侧倒塌的墙体及残存在地面上的泥皮长度来看,推算原墙高不低于3m。

(3)建筑所用木柱较多。房屋中间有2根大圆木柱,四周有附壁柱,室外设廊棚柱。木柱阵立,数量之多,开启了我国柱式建筑的先河。

(4)装饰面增多。房屋墙壁的外侧和内侧、圆木中柱、附壁柱和灶台的外表均用料礓石水泥砂浆。粉饰面外表美观耐久,质地光滑坚硬,提高建筑物的档次。同时,粉刷在木柱上的草茎泥及料礓石水泥砂浆,对木柱有防火防腐作用,开创了我国建筑防火的先河。

(5)结构型式合理。室内有2根圆木中柱与周围附壁柱形成结构的支撑体系,在柱上架梁,梁上设檩绑椽,初现我国木结构承重体系的雏形。

(6)基础扎实。室内中间主柱和附壁柱的柱下端,都铺设了青板石柱基,既可防止房屋沉降又有保护木柱的作用。

(7)地面用料特别。地面做法三层,表层用料礓石水泥砂浆粉刷,表面光滑坚硬,使用舒适耐久;防潮层做法特殊,隔绝地下潮气,对室内有较好的防潮和保温作用。

（8）灶台高大。灶台设置在室内最中间部位,反映出庖厨食物是该房屋的主要功能之一。

（9）室外设有檐廊。该建筑室外的两侧或四周可能设有檐廊,檐廊起到遮阳、避雨和其他公共活动的过渡空间。这样的做法,在目前我国的古建筑中一直沿用。

F405 房屋遗址复原图

F405 房址是建在地面以上的建筑,室内地面高出室外地面,呈单一的长方形平面,室内设圆木中柱,内墙设附壁柱,斜屋面从屋顶坡向四墙,形成四坡形斜屋面,房屋的东西两侧带有檐廊。这种四坡顶两侧重檐式的建筑,应该说是夏商时代"四阿双重屋"宫殿建筑的前身。从 F405 房内设有大灶看,可供上百人聚餐;房屋使用面积达 $150m^2$,可供上百人聚会;从西侧的廊檐上出土的一件汉白玉饰物看,应该是聚落或氏族首领的权杖头饰,说明这座建筑在部落或氏族组织中所处的地位。它可能是部落或氏族首领的居处,或者是部落或氏族举行公共活动的场所。

三、建筑奇迹——F901 房屋遗址

F901 房屋遗址建造于大地湾四期,位于天水市秦安县五营乡邵店村清水河南岸长虫山山腰的黄土台塬地上,遗址高出清水河床约 80m,距今约 5500 年。从房屋遗址平面分析看,F901 房屋遗址建筑平面由主室、后室、左右侧室和篷廊等四部分组成。遗址中最大的房间为主室,略呈长方形平面,坐北朝南布置,主要入口位于南侧篷廊下的中部。其他部分围绕主室建造,东西两侧侧室左右对称;主室两侧墙向后延伸,形成后室;主室前为篷廊,篷廊前为宽阔的广场。房屋占地总面积达 $420m^2$,使用面积约 $290m^2$,主室面积约 $128m^2$。

F901 房屋遗址复原图

1．建筑平面功能

F901 的主室略呈长方形平面，前墙长 16.7m，后墙长 15.2m，主室进深约 8m。主室南北两墙壁内侧各有 8 个附壁柱，已有我国古建筑象征最高等级的八柱九开间宫殿式建筑的影子。主室室内设两根直径约为 500mm 的中心大柱，为该房屋的主要竖向承重构件。主室南墙正中设一道主门，主门两侧有两道侧门。

主室中央略偏向主门处，设有一个灶台，周围堆积着部分草木灰。灶台火塘口正对主门口，估计是有利于灶口进风，使柴火能够充分燃烧，同时燃烧的灶火也有室内照明、遮挡寒风和防止野兽侵袭的功能。

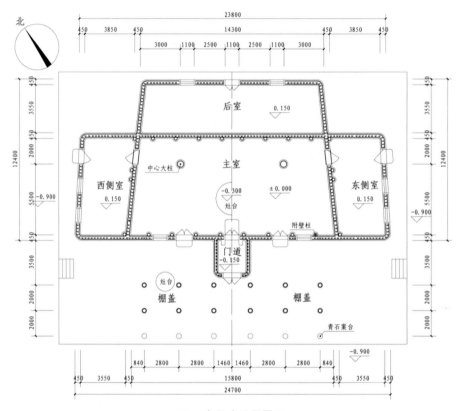

F901 房屋遗址平面图

遗址南侧有两排柱洞遗迹，每排 6 个，共 12 个，估计是篷廊支柱遗留下的痕迹。内排柱距主室前墙 3.5m 左右，内排和外排相距约为 2m。排柱南侧约 2m 处，对应每个柱前有一个青石基座，共有 6 个。排柱和青石基座周围是土质较硬的人工夯筑地面，该地面高度与主室地面处在同一标高。

2．建筑构造及材料

1）墙体构造

F901 房屋的外围护墙体主要由墙体内插设木柱分层夯土，外粉草茎泥构成木骨筋草泥墙。墙体基本不承重，只起隔断和封闭作用。同时，墙体中由于木骨筋的存在，可以使墙体高度建造的较高，实现建筑高大空旷的空间要求。

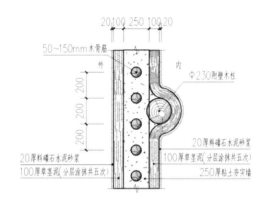

现残存墙体　　　　　　　　　　墙体大样图

　　现残存墙壁高度都在 0.95m 左右，所有墙体为木骨筋草泥墙，主室四周墙厚约 450mm，墙中设木骨筋，直径 50～150mm，间距 200mm 左右。其他房间的外墙厚在 300mm 以上，做法与主墙相似。主室墙体由中间主墙、两侧涂抹层和内外表层五部分组成。中间主墙厚度约为 250mm，中间立木骨筋，由素土夯筑而成；涂抹层厚度约为 100mm，通过草茎泥分层涂抹完成；墙体表层为料礓石水泥浆刮抹而成，粉刷厚度约为 20mm。

　　用草茎泥涂抹的墙体坚固耐久，调节室内温度和湿度能力较强，保温防火性能良好，就地取材方便实用，是一种天然环保健康的建筑材料。

　　根据分析料礓石含钙成分达到 80% 以上，是一种理想的、天然的石灰建筑材料，用料礓石水泥浆刮抹的墙面坚硬、美观、光滑和耐久，是大地湾先民在建筑材料方面的一项重大发明。

　　用草茎泥浆砌筑墙体和粉刷墙面的做法，用料礓石水泥粉刷墙体表面及灶台直至今天在天水和周边地区还在沿用。

　　2）地面构造

　　F901 房屋遗址的主室地面做工讲究，质地坚硬，叩之铿然有声，表面平滑带有光泽，颜色呈青灰色。通过分析，地面构造由上往下由地面面层、混合层、烧结层三层组成。地面面层用料礓石水泥浆刮抹而成，厚度约为 20mm；混合层，主要由砂粒、小石子和烧制的料礓石颗粒等材料组成，厚度约为 200mm；烧结层主要是由黄黏土烧结陶粒组成，厚度约为 150mm。最下面是原土分层夯实平整的黄土地基。

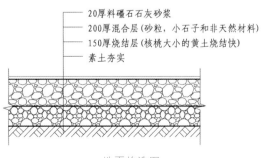

地面构造图

通过对地面面层和混合层内提取的胶结材料分析看,其都含有硅酸钙的成分,类似于现代的普通硅酸盐水泥,有水硬性特征,它的性能近似于目前 325♯ 水泥,用回弹仪检测,其抗压强度约为 120MPa,地面面层和混合层强度相当于目前的 M10 水泥砂浆地面。通过实验分析,发现以上材料来源于黄土地区普遍存在的料礓石,其成分接近于现代普通硅酸盐水泥,将其研磨成粉状,可掺细沙或黄土作为建筑表面的粉刷材料,其硬度和光洁度都比较理想。

自古以来,天水地区房屋修建时都使用这种材料粉刷墙体,特别是厨房的灶台表面普遍使用料礓石砂浆抹面的做法一直沿用至今。

3. 房屋结构体系

F901 房屋遗址主室内柱子留下的两个大坑,依照柱坑的尺寸,推测柱子的直径约 500mm。主室的南墙和北墙内侧紧贴墙面各有 8 个扶壁柱,前墙柱径 230mm,后墙柱径略小于前墙,主要原因是前墙距中心大柱较远,承受荷载较大。在主室侧墙外侧紧贴墙各有 4 个扶壁柱,主要是起到加强山墙的强度及承受屋面荷载作用。主室内的两个中心大柱、前后墙的贴墙扶壁柱和两侧山墙的扶壁柱构成该房屋的竖向承重构件,屋面上的主梁、次梁和檩条构成水平传力构件,共同组成了主室的木结构体系,为我国最早的木结构建筑受力体系。

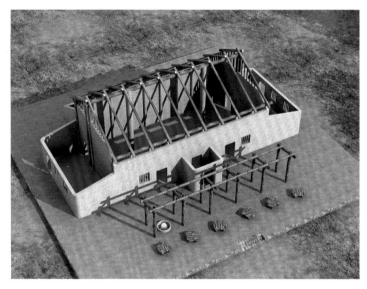

房屋结构体系

4. 建筑防火防潮

房屋的外墙均为木骨筋草泥墙,该墙墙体厚度接近 0.5m,墙体坚固耐久,表面美观,保温防火性能良好。用草茎泥刮抹的墙体,防火性能良好,在刮抹内墙之前立扶壁柱,刮抹时同扶壁柱与墙刮抹在一起,使之成为一个整体,100mm 的内抹层加 20mm 的料礓石水泥浆粉刷,提高了扶壁柱的防火性能。

通过对主室内的中心大柱所残留的柱皮分析看,木柱表面曾用草茎泥包裹,涂抹层理明显,涂抹次数达 10 层之多,涂抹厚度达到 100mm 之多,表层再粉 20mm 的料礓石水泥浆,其作用主要是确保中心大柱不被火烧,涂抹高度约有 3m。

如此严格的防火措施,体现了该建筑在我们先民心目中的神圣地位,也反映了他们在建筑技术上表现出的聪明才智。据考证,这是最早的防火涂层墙面。如此多的粉刷层,对中心大柱、扶壁柱及墙体起到了防潮、防腐、防裂、防虫蛀、防鼠咬等作用。

5. 房屋建筑功能的再现

F901房址在清理过程中,分别在其主室、侧室、后室和侧檐处的地面上,挖掘出了25件比较特殊的陶器和50件石器。从各房间出土的器皿来看,主室估计是用来祭祀、议事、分配、聚餐、嫁娶等活动的场所;西侧室估计是用来存放庖厨食物工具的场所;东侧室没有发现器皿,估计是聚落联盟首领议事和居住的地方;后室估计是用来存放粮食等的仓储场所。

F901大型房屋是大地湾聚落联盟的主要建筑,建筑所处位置突出,规模宏大,房屋面积大、分间多、规格高,功能复杂。在房屋前面有12根柱子,可能是12个氏族聚落在活动时,用来悬挂图腾旗帜的设施。柱前方有6个青石板台面,可能是摆放祭品的台案。房屋前面有上千平方米的广场,可容纳上千名氏族成员聚会。该房屋及广场主要是用来祭祀、集会或举行某种仪式的场所,是聚落或聚落联盟的公共活动的中心。

其中房屋8柱9间,前设6个青石板台面和12个篷廊柱,印证了人文始祖伏羲传说中的"立九部、设六佐"的功绩,12根柱又代表历法中的一个周期。

F901大型房屋就是当时的聚落中心和礼仪中心,已经初步具备了我国古典建筑前堂、后室、两侧厢房的传统布局的特征,是迄今我国考古发现的新石器时代(仰韶晚期)最早的礼祭会堂建筑,也是我国考古发现的最早的宫殿式建筑。F901房屋遗址,从一个重要角度向世人展示了该时期大地湾文化的繁荣景象,是先民在建筑领域上给我们留下的宝贵遗产,是我国建筑史上的奇迹。

第二节　天水传统民居特色

一、概述

天水市位于甘肃省东南部,地处陇中黄土高原与陇南山地的过渡地带,新欧亚大陆桥横贯全境,东面陇山纵列,南缘西秦岭横贯,是黄河流域和长江流域的分水岭,属于典型的内陆季风气候,山川形胜、土地沃腴、气候适宜、景色秀丽,素有"陇上小江南"的美称。天水东越小陇山,接壤宝鸡,东望关中;南跨西秦岭,接壤陇南,扼控巴蜀;西至桦林山,接壤定西,襟带青新;北溯葫芦河,接壤平凉,缩毂宁夏。天水是历史上兵家必争之地和军事要塞。天水是古丝绸之路上物资集散的重要商埠、文化交流的重要古城,历史上有"西出长安第一城"的美称。

传统民居鸟瞰图

天水是中国文化名城,历史悠久,经济较为发达,以大地湾文化、伏羲文化、先秦文化、三国文化、石窟文化而闻名。长期的文化浸润,使天水传统民居建筑带有多民族、多宗教的印记。天水原居民受伏羲文化中兼纳并融、与人为善的熏陶和影响,所建房屋吸纳各时代文化的特征。在四合院中,集中反映了时代文化的痕迹,如长幼有序、长者为尊的儒教文化,以道为本、天人合一的道教文化,放下执着、明心见性的佛教文化,尊崇自然、朴素简约的伊斯兰文化,显示出该地区民居建筑的文化特色。

天水传统民居四合院多为一进式院落,有一部分为二进或三进院落,主房二层阁楼形式较为常见,少许院落后面带有花园。这些特征在我国北方的民居四合院中是不多见的,它充分说明天水民居对汉唐建筑风格及明代庭园民居形式有较多的保留和继承,是一种保留古风的表现。同时,天水民居受江南庭院建筑和私家园林的影响颇多,主要表现为院内地面宽大方正,房屋前沿设廊形成抄手沟通。并对各种建筑构件的外表精雕细刻加以修饰,再配以楹联匾额,院内广植花木盆景。这样便极大地丰富了院景,提高了四合院的文化性和舒适性,创造出一种可居、可赏、可以怡情寄兴、富含自然气息、生机盎然的理想人居环境。反过来说明,天水自古以来的气候湿润,冬无严寒,夏无酷暑,具有适宜人生活的天然环境。

　　天水民居主房厅堂通常以三开间为主,坐北朝南,使用功能与北京四合院相同,为长辈住所。耳房相比厅堂进深较浅,耳房前墙退后厅堂前墙,台阶也比厅堂低,相比建筑体量比厅堂低矮。厢房是长辈之外的其他成员居住的空间,多为三开间,并带前檐廊,单坡顶,东厢房的南山墙多兼做影壁。

　　天水民居檐廊的使用非常普遍。这种半开敞的过渡空间,使人们身处室内时,能感受到的室内空间的延续;而当身处开敞的院落时,则会认为柱廊拓展了院落空间,极大地丰富了空间的层次。

　　天水民居有许多特殊之处,房屋均为单坡屋面,外高内低,四面屋顶坡向院内,因而形成后墙高峻,巷深墙高的现象。又因房屋墙体为黄土厚墙的特点,皆有冬暖夏凉、居住舒适的优点。

　　同天水城区一样,天水周边的农村其房屋形制有相似之处,为此我们对距天水 30km 之外的三阳川的农宅,选取了较有代表性的三个院子进行调研,即张元村的张家院子、曹家湾村的徐家院子和渭东村的李家院子。三个院子均建于明朝晚期,距今有 400 多年的历史,从院子的制式和精细程度看,都是村庄内有相当实力的富人所建,虽说在村庄内这样的房屋比较典型,但其建造理念、建造风格、建造过程及所使用的黄土材料,对目前的绿色农宅建筑都有借鉴作用。

张家院子现状

徐家院子现状

李家院子现状

二、院落布局

天水传统农宅四合院的制式,由主房、厢房、倒座、大门、厕所构成。四合院中,主房基本上是坐北朝南,布置在北边,主房由厅堂和两侧的耳房组成,主房或带耳房前设檐廊;四合院内都设厢房,布置在东西两侧;一般设有倒座,坐南朝北布置在南侧;倒座东侧是大门,西侧是厕所,厨房一般设在一侧的耳房或者厢房内。院子由四周房屋围合,院内除通道、廊檐外,种植花草灌木等植物。

主房的厅堂有三间,中间一间靠北墙供奉祖先神主和画像,边上一间盘炕,由父母或长辈居住,边上另一间是起居室,晚辈住耳房和厢房,倒座房用作客房或仆人居住的房间。可以看出一个四合院可以居住长、中、幼三代人,能够容纳7~10人居住的大家族,一个四合院就是社会的一个最基本的构成单元。

1. 张家院子

该院落为典型的一进式四合院,四合院的北面是单层主房,东西两面设厢房,南侧有倒座,东南角为大门,西南角为厕所。该院子尺寸,深18.5m,宽15.7m,院落面积为290.45m²。四合院四周房屋均为单坡屋面,外高内低坡向院内。院内四周的天际线均被檐口围合,主房檐口下均设檐廊,院内除通道和廊檐之外,均种植花木。主房廊檐高出院子约600mm,厢房廊檐高出院子约200mm。

院内有厅堂三间,开间尺寸为2.9m+3m+2.9m,进深为3.6m。

两侧设耳房,开间分别为3.1m、3.3m,进深为3.6m。

厅堂和耳房前侧均设檐廊,宽度1.3m。

院内东西侧厢房均为居室,东西厢房均为三开间,尺寸为2.1m+2.1m+2.1m,进深分别为3.1m和3.3m。

院内倒座为居室,开间与厅堂对应,进深为3.3m。

该院落按照后天八卦的方位特征,大门处于巽位,厨房处于艮位,厅堂处于坎位,茅厕处于坤位,符合后天八卦中对风水的要求,紫气东来,顺风顺水,是一个较好的风水布局。

2. 徐家院子

该院落也是一个一进式四合院,四合院的北面是主房,东西两面设厢房,南侧围墙,东南角为大门,西南角侧为茅厕。该院子尺寸,深16.8m,宽15.3m,院落面积为257.04m²。四合院三面房屋均为单坡屋面,外高内低坡向院内。院内檐口三面围合,南侧开敞,檐口下

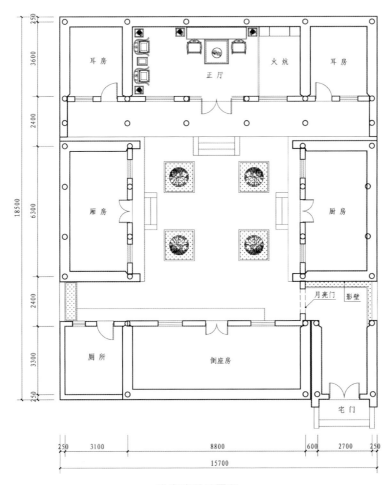

张家院子平面图

均设檐廊,院内除通道和廊檐之外,均种植花木。主房廊檐高出院子约600mm,厢房廊檐高出院子约200mm。

院内有厅堂三间,开间尺寸为2.8m+3m+2.8m,进深为3.6m。

两侧设耳房,开间均为3.1m,进深为5.4m。

厅堂前侧设檐廊,宽1.8m。

院内东西侧厢房均为居室,东西厢房开间均为5.7m,进深为3.1m。

3. 李家院子

该院落同样是一进式四合院,四合院的北面是主房,东西两面设厢房,南侧以厢房南山墙为界,其两山墙之间是围墙,围墙中间设有大门。该院子尺寸:深13.15m,宽17.6m,院落面积231.44m²。四合院三面房屋均为单坡屋面,外高内低坡向院内,院内檐口三面围合,南侧开敞,檐口下均设檐廊,院内除通道和廊檐之外,均种植花木。主房廊檐高出院子约600mm,厢房廊檐高出院子约200mm。

院内有厅堂三间,开间尺寸为3m+3.9m+3m,进深3.6m。

院内东侧为厨房,西侧厢房为居室,东西厢房均为三开间,尺寸2.3m+2.3m+2.3m,进深均3.6m。

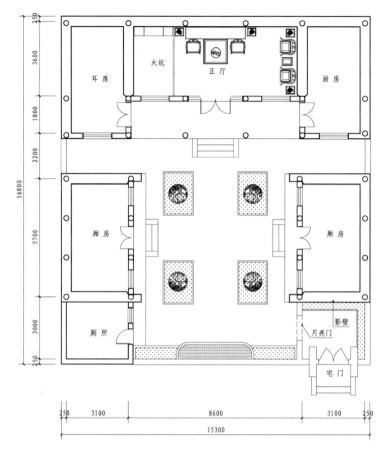

徐家院子平面图

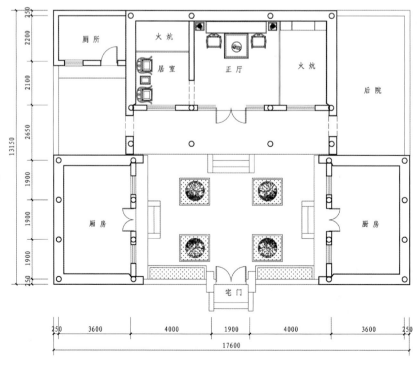

李家院子平面图

三、主房

1. 张家院子

主房由三间厅堂和两间耳房构成,特点是厅堂和耳房均设檐廊,檐廊贯通厅堂和耳房。檐廊地坪用青砖铺砌,檐边地面和陡板用块石砌筑,起到防止滴檐水浸入檐台和浸蚀廊柱的作用,廊柱下设柱基石。

厅堂门对面靠墙设香桌条案和八仙桌,东面一间设炕,西侧一间为起居室。厅堂前墙中间开间,两柱间设有四扇木门,上至檩条,下设门槛。厅堂前墙两侧开间设有窗户,有炕一侧前墙,窗户下设有添炕的炕眼门。

两侧设耳房,东侧为厨房,西侧为小居室,耳房前墙设一木门和一窗户,窗下均有炕眼门。

该主房的主要特点是:厅堂和耳房前侧均设檐廊,前有 6 根廊柱,主房两端的山墙檐廊端设廊墙,其内侧有砖砌的照壁,山墙前端设墀头。

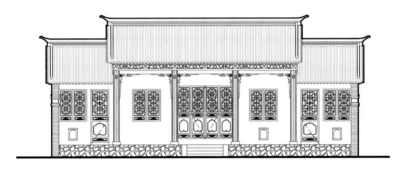

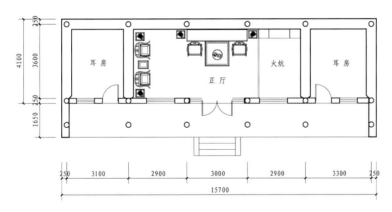

张家院子主房平、立面图

2. 徐家院子

主房由三间厅堂和两间耳房构成,该房的特点是,厅堂设檐廊,耳房不设檐廊。因耳房将檐廊包括在内,所以进深较大。该房屋没有设墀头。

厅堂的其他部分与张家院子相似。

两侧的耳房,东侧为厨房,西侧为小居室,耳房前一侧设有窗户,窗户下设有炕眼门。

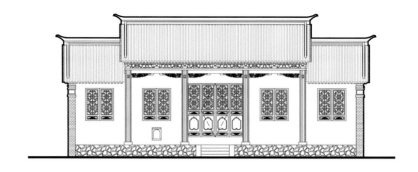

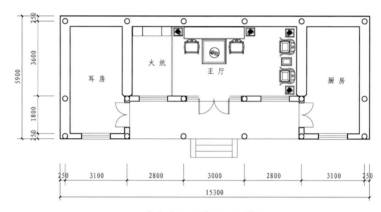

徐家院子主房平、立面图

该主房的主要特点：该房屋的平面是传统的"锁子"形，厅堂设檐廊，耳房不设檐廊。檐廊前有 4 根廊柱，中间 2 个独立设置，两侧 2 根半嵌入廊墙内。廊的两端开有进入耳房的木门。

3. 李家院子

李家院子的主房只有三间厅堂，两侧没有耳房。厅堂前侧设檐廊，檐廊前有 4 根廊柱，中间 2 个独立设置，两侧 2 根半嵌入廊墙内。檐廊两端即两山墙处设有廊墙，廊心墙有砖砌照壁，廊墙外端设墀头。

四、建筑构造

1. 墙体构造

天水传统农宅的结构形式均为土木结构，以木做结构，用土做墙体，成为该地区房屋建筑的最大特点。这主要是建筑材料能够就地取材的原因。天水自古植被丰富，林木茂密，富产建筑所用的优质木材，又有取之不尽、用之不竭的黄土资源。木结构是我国古建筑的主要结构形式，由木构件组成的结构体系，具有良好的抗震性能，特别是木构架的榫卯节点，具备良好的吸收地震力的作用。

天水地区因为地震频繁，使人们更容易接受这种结构体系，不但木结构的抗震性能好，而且是黄土材料做的土坯墙，历经数百年，遭遇多次地震而不倒，甚至 6000 年前的大地湾遗

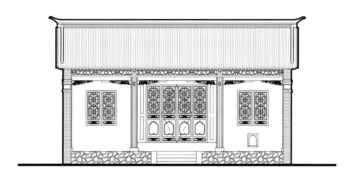

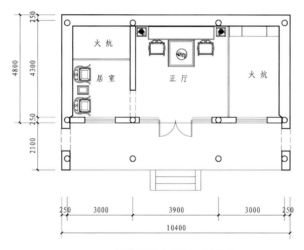

李家院子主房平、立面图

址的土坯墙,到目前仍孑然屹立。用这样的木材做结构,用这样的黄土做墙体,达到工期最短,造价最省,对环境的破坏最小,再加之少许的秦砖汉瓦,既为建筑赋予了文化底蕴,又丰富了立面,使之经久耐用。

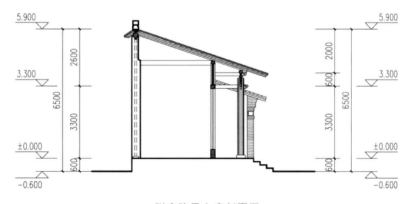

张家院子主房剖面图

　　一般情况下,天水传统农宅背墙和山墙都是用椽做模,填上黄土,逐层夯筑而成的夯土墙,墙高夯至檐口下约 3m 高,墙厚在基础至地面部分约为 550mm,顶部约为 450mm,墙体内侧垂

墙体外皮效果图

直,外侧由下往上收分。前墙和檐口以上的墙体,用麦草泥砌筑的基子墙,墙厚约为 300mm。

基子又称胡基,系从西域传入中国,因为天水为丝绸之路上的门户重镇,较早地接受了这种较为实用的建造方法。其制作像砖一样,但不煅烧,先用加水搅拌的湿土打基坯,待基坯风干后,可直接砌筑墙体。

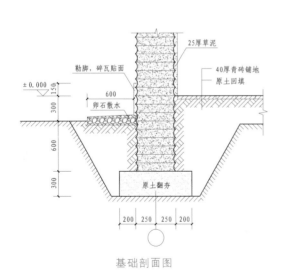

基础剖面图

古代夯土墙体制作

为了提高基子墙的抗震性能,在砌墙时增加以下措施:一是,将每间轴线和转角处设立柱,包砌于基子墙中,立柱直接支撑屋面上的梁或檩,基子墙不承受屋面荷载;二是,在基子墙砌筑时每隔几层铺以木筋或竹条,以增加墙体的整体性;三是,用麦草泥内外粉刷,即增加了墙体抗震、保温、整体和耐久性能。如此一来,便极大地提高了民居房舍的抗震能力和使用寿命,使这些优秀民居得以完好无损地保存至今。

2. 檐口构造

天水民居檐廊的使用非常之普遍。这种半开敞的过渡空间,使人们身处室内时,能感受到的室内空间的延续；而当身处开敞的院落时，则会认为柱廊拓展了院落空间，极大地丰富了空间的层次。

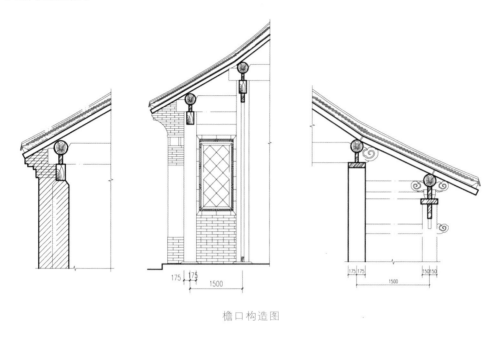

檐口构造图

3．屋脊构造

屋脊的样式主要有两种：一种是屋脊全部为实体，造型简洁；一种是用瓦片或花砖装饰，叫花瓦脊，又叫"珑脊"，比较讲究，拼出的图案有银锭、鱼鳞、锁链和轱辘钱等几种。如屋脊中央还有荷花造型，寓意吉祥如意。不少天水古民居的山墙为悬山构造，后檐墙为屋面顺延长出 1m 左右或另做斜面。

屋脊构造图

五、木作

1．廊柱木艺

檐廊廊柱之间，廊柱上端设置的水平构件，自下而上为立额枋、平额枋、木雕垫板和檩条,并在平额枋下的柱边设雀替。柱上和两柱中间的平额枋上设斗拱,为一斗一拱,拱上支撑斜梁和檩条。该房屋斜梁伸至檐口,所有的椽都为水平放置。除雀替和垫板进行雕饰外,其他构件没有做雕饰。张家院子、徐家院子、李家院子的廊柱做法均有相似之处。

张家院子廊柱

徐家院子廊柱

李家院子廊柱

2. 门窗隔断

天水民居厅堂门位于金柱之间,一樘四扇,隔扇门外围有槛框与柱、枋连接固定,隔扇门之上通常设固定窗,以调整隔扇的高度,隔扇高度一般情况下比檐枋下皮低一个上槛宽。天水民居的门槛较高,主要起到防风的作用。

门窗

天水民居的窗户窗框在砌前墙的同时固定在墙中,窗扇为两扇平开,窗外侧一般设窗棂,窗棂中悬,窗棂上糊白纸,过节时在其上再贴剪纸。窗棂的形式多样,常见的棂条花格图案有套方、冰裂纹、拐子锦等。

天水民居厅堂内的炕边一般设有木隔断,隔断形式多样。

隔断

天水民居木雕是木作工艺中的一个亮点,天水民居中的构件木雕,就其造型的生动逼真、刀法功力的深厚细腻、构思的深刻意境和取材寓意的丰富等诸多方面,均达到了很高的境界。天水民居在木雕技术应用的广泛性和普遍性上,也达到了无以复加的地步。

六、大门

大门不仅是传统四合院民居由室外向室内过渡空间转换的重要节点,而且也很大程度上代表了户主的身份地位,天水民居大门大多风格比较内敛、朴实。大门按构造、造型的不同,可以分为屋宇式和墙垣式两种。

1. 屋宇式

屋宇式大门一般是利用倒座一间或多个开间做门,构造上与房屋大体相同,也就是将倒座东侧稍间辟为门道,而在倒座后墙上开门的一种大门。屋宇式大门在天水传统民居建筑中比较常见,主要原因包括:天水历史上华戎杂处、战事频繁,兵灾匪患较多,倒座后墙坚固高峻,在此开门封闭安全;大门形制简朴可以藏拙不显豪富。

2. 墙垣式

墙垣式大门即直接在院墙上开门的一种大门形式,规格较前一种要低一些,一般用于较小、较简陋的宅院中。部分大门采用对山式墙垣门,大门对着东厢房山墙开东南门,或对着西厢房山墙开西南门。墙垣门在形制上亦以坚固简朴为主。天水地区传统农宅一般是墙垣式大门。

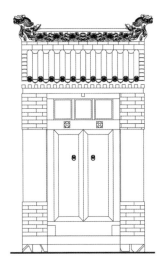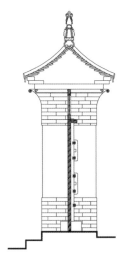

墙垣式大门示意及实景图

3. 天水垂花门

天水民居对垂花门的应用和布置十分普遍。几乎达到但凡有四合院,必有垂花门的程度。垂花门一般设在屋宇大门和墙垣大门后的二道门上。门侧和对面筑以影壁,与前者形成一个门外天井。有的四合院还用它来分隔界定院落,设在前、后院的通道口上。

天水垂花门的造型风格一般都较华丽,而雕刻均十分精细,所以远观则气宇轩昂,近看则精美细腻。与四合院内木雕一样,众多垂花门在风格、形制上虽然基本一致,但在木雕形式、内容、造型款式等方面都各具特色,形制小巧的天水垂花门是木雕装饰的主要地方。

天水垂花门均为双坡悬山顶,常常会因为沉重的顶部装饰,使纤细的梁柱结构显得失稳,因此在天水某些垂花门上出现了两对支撑门楼平衡的特殊构件,即戗柱和插花,这种构件既增加了垂花门的稳定性,也构成了天水民居大门的独特装饰。

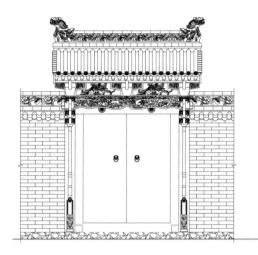 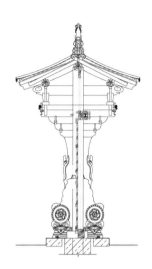

垂花门示意图

天水垂花门

七、砖雕

在天水民居中,影壁起到空间序列中"引"的作用,与门楼一起构成空间有序转换的入口节点,构成一小天井空间。影壁一般由壁顶、壁身和壁座三部分组成,壁顶多采用硬山顶,壁心多采用硬心的做法,壁座与壁身同宽,高度为壁身的 1/4~1/3。影壁的这种布置和做法,是天水传统民居融合南北方民居特色的重要体现,也是天水民居砖雕工艺的集中体现。

砖雕示意图   天水砖雕

八、屋顶

　　天水气候湿润多雨,且雨季集中,民居屋顶大多采用筒瓦、板瓦、合瓦的阴阳瓦做法。此种瓦屋顶因其规整、严密,防雨性能极好。正脊多捏塑为各式花卉、水果等悬雕造型,花瓣重叠,枝叶交柯,水果粒粒可数,花卉千姿百态。兽吻的造型又极其严格地反映着居住者的社会地位、官级品位等情况。如此富含装饰性艺术性的屋顶构造加之造型丰富多样,千姿百态,从而提升了天水民居的文化含量和艺术品位。

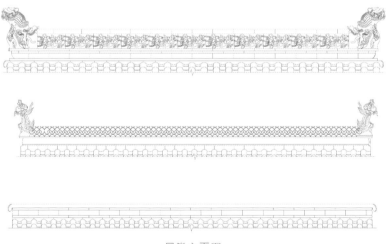

屋脊立面图

第 ③ 章

绿色农宅建筑

第一节　示范性农宅总体布置

一、前言

绿色建筑是指在满足建筑功能的基础上,在其全寿命周期内,节约资源、保护环境和减少污染,为人们提供健康、适用和高效的使用空间,最大限度地实现人与自然和谐共生的高质量建筑。绿色农宅就是建设安全适用、节能减废、经济美观、健康舒适的绿色农村住宅。结合国家绿色环保政策、新农村建设政策、农村危旧房改造政策、精准扶贫政策的要求,在规划的村庄内,建设节能环保的绿色农村住宅是目前建设资源节约型社会的当务之急。

目前,因为村庄缺少规划,农宅建设存在着建房地点随意、房子布局零乱;因为农宅建设欠缺设计图纸,造成房屋在使用功能上有严重缺陷及设施配套不到位;为了省钱,所建房屋的外墙厚度不够且不做粉刷,也不考虑热工性能;屋面不设保温材料及防水层,相比于传统农宅热工性能更差,致使冬天采暖消耗大量的能源,夏天燥热不宜居住;因普遍缺乏抗震和结构安全方面的知识,造成所建房屋存在着抗震和主体结构的安全隐患。这种砖砌板房不仅没改善居住环境和提高居民的生活品质,反在浪费资源的同时丧失了传统建筑的风貌。

目前,农村建房仍然使用着黏土砖之类的高耗能、高污染材料,直接和间接地造成环境破坏。农村因为无集中供暖,村民一般通过土暖气或房间煤炉取暖,一个采暖期平均每户需要燃烧 3~4t 煤。因设备简陋、热效率低,致使室内热环境恶劣,造成大量的能源浪费和环境污染。在农村因为水资源匮乏,同时没有污水排放处理设施,虽然建了新房,还在沿用旱厕,严重污染了周围的环境。目前清理粪便已经成为农村最棘手的问题。

为了节约造价,农村建房出现大量不做粉刷,平屋顶影响着传统建筑的完整风貌;再因农村搞"一刀切",建筑外墙被"涂脂抹粉"统一刷白,使得农村传统元素渐渐地被吞噬,如不加以传承和保护,将失去原有特色。

可以形象地说,目前农村新建的住宅,就是在宅基地上通过简单的地基处理之后,不管内外均砌筑一砖之厚(240mm)的红砖墙体,屋面打一层钢筋混凝土板,装上门窗就算建成。看似造价很低,但设施简陋,无厨无厕,满足不了村民提高居住条件的基本要求,提升不了村民的生活品质。拆的是危旧房,建设的却是劣质砖砌板房,这样的房子建设得越多,造成的资源浪费越大;这样的平顶屋越多,对村貌的破坏越严重。

针对以上农宅的建设现状,建设张吴山村示范性绿色农宅非常必要,本示范农宅先后陆续建有四个院子,其中一、二号院继承了传统四合院的形制并有所创新。三号院为一栋独立的二层别墅型建筑,在继承一、二号院的基础上是技术含量最为集中的一个示范性楼房。四号院继承以上优点,并做到了施工简单、用料最省、造价经济,是最具有推广价值的示范性房屋。避免了现在农村房屋因节省造价,不做粉刷形成的红砖烂柱的生硬现象;或者整个村庄因急功近利,不管新旧整村房屋刷白造成的墙白路硬的阴冷现象。

二、设计背景

天水地处长江流域与黄河流域的分水岭上,南临嘉陵江和西汉水,北接葫芦河,渭河由西向东从境内穿过,河南侧是秦岭西延部分,境内东侧为陇山山脉,北连六盘山及崆峒山,秦岭以北及陇山以西为广袤的黄土沟貌地形。天水因"天河注水"的传说而得名,兼有长江和黄河两河流域的文化特征,气候因冬暖夏凉、四季分明而适宜人居住,因伏羲文化而彰显历史的厚重,是一个美丽而神奇的地方。

绿色农宅位置图

1. 气象资料

天水属于暖温带半湿润气候区。这里地处我国南北方交界处,自然风光与气候特点南北兼备。年平均气温为11.5℃。最热月为7月,平均气温22.8℃;最冷月为1月,平均气温－2.0℃,年平均降水量为492mm,最大年降水量900mm。年均日照2100h,日照百分率在46%～50%。天水气候四季分明,冷暖适宜。春芽早发,夏温适宜,秋雨绵绵,冬无寒风。气候温和,节气鲜明,日照充足,降水适中,这是最适宜于人类居住和生活的环境。

2. 区域位置

张吴山村地处天水市太京镇东南部半干旱山区,为土质山体,植被茂盛。其西侧为秀金山,北望金龙山,有张家山、吴家山、鸡儿咀 3 个自然村,距市区约 9km。

绿色农宅区域位置图

3. 张吴山村概况

张吴山村的村庄建设依山就势,因地制宜,房子大致上都为坐西朝东。村庄原来的布局虽然较为零乱,但风格上是土墙坡瓦、错落有致,显得比较别致。随着砖混板房增多,村貌越来越失去了原有的形象,村庄越来越显得破败不堪,失去了过去农村的亲切感。砖混板房逐渐吞噬着具有童年乡土回忆的土墙黛瓦,传统建筑逐渐走向衰败。张吴山村的旧房仍然挣扎着延续着传统的回忆,砖混板房仍然毫不留情地继续吞噬着。在天水,经济相对较好的城边农村,旧房几近绝迹,整个村庄呈现出一片嘈杂的、污水横流的乱象。

农村传统风貌正在悄悄地离我们远去。作为经历丰富的建筑设计者,我深深地为这种现状而心感不安,有责任和义务用自己的专业特长,尽一份绵薄之力来改变这种现象,将传统建筑加以继承、创新和发扬光大,这就是我们要进行绿色农宅研究、探索的初衷。

三、总体布置

因交通不便,目前场地内仅建设了四个院子。该四个院子近期为绿色农宅及钢筋混凝土装配式建筑示范工程;远期完善成天水建筑设计院资深职工艺术中心。该中心利用建筑的舒适和环境的优雅,为职工提供娱乐及颐养结合的场所,打造为单位职工抱团养老的示范基地,使做了一辈子贡献的单位职工休而有为、发挥余热、老有所去、颐养身体。

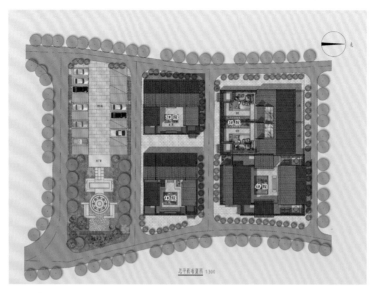

绿色农宅总体布置图

　　场地偏北部分,布置有四个院子,其中:一号院为传统四合院形式,所有的房子为单层,主房为三开间,两侧各有一耳房,耳房前各有一厢房,入户门设在东北角;二号院也为传统四合院形式,主房和耳房为两层,其他为单层,主房为三开间,两侧各有一耳房,紧靠耳房前各有一厢房,入户门设在东北角;三号院为一栋双拼别墅,户数两户,楼层二层,设有前后院;四号院由两栋主房和两座厢房围合成四合院形式。

　　场地的南侧设有面积为 2 亩的绿化广场,供室外活动及停放车辆使用,场地的西、南、东侧均有 2.5m 宽的硬化道路,北侧是农田。

　　一号院总尺寸,长为 15.74m,宽为 17.12m,占地面积 269.46m²,总建筑面积 166.68m²。一号院为单层建筑,建筑高度为 4.05m,采用砌体结构。

一号院效果图

二号院总尺寸,长为 16.34m,宽为 15.19m,占地面积 248.20m²,总建筑面积 260.50m²。二号院主房二层,厢房一层,建筑高度为 7.65m,采用砌体结构。

二号院效果图

三号院总尺寸,长为 18.2m,宽为 18.8m,占地面积 342.16m²,总建筑面积 268.92m²。

三号院效果图

四号院总尺寸,长为 17.1m,宽为 24.2m,占地面积 413.82m²。

四号院为两户组成,院北面设一户,院南边设一户,共用一个院子和两个厢房,共用一个大门。北侧主房的入口朝南,南侧主房的入口朝西。

主楼为钢筋混凝土短肢剪力墙结构,其主体结构是按照装配式建筑进行设计。剪力墙联接一层是钢套筒注浆连接,二层使用专利"装配式钢筋混凝土结构剪力墙、柱马牙槎连接技术"连接。

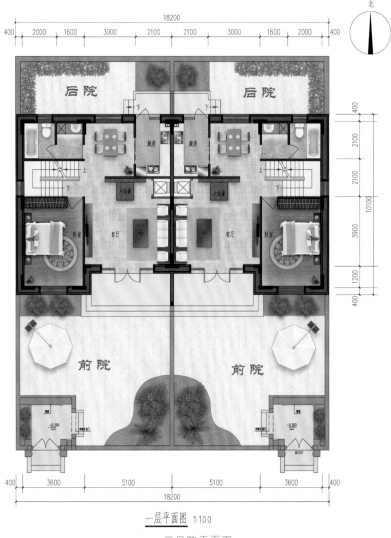

一层平面图 1:100

三号院平面图

四号院效果图

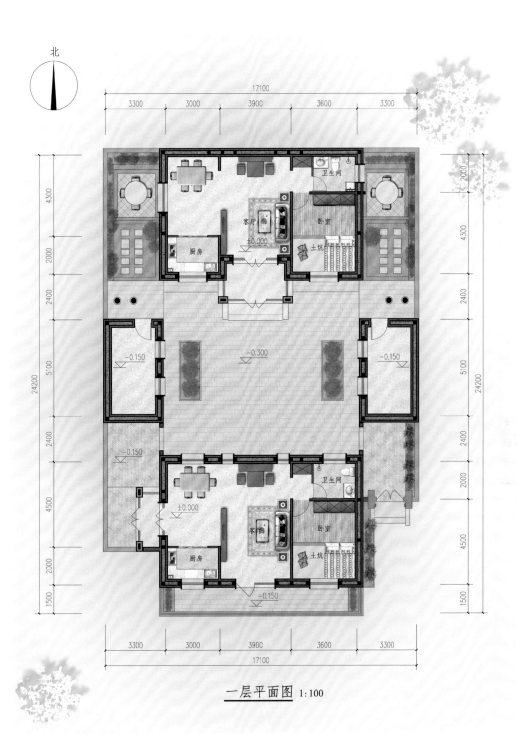

一层平面图 1:100

四号院一层平面图

四、实景照片

1. 一、二号院房屋鸟瞰图

一、二号院鸟瞰图（1）

一、二号院鸟瞰图（2）

2. 一号院大门实景图

一号院大门实景图(1)　　　　　　　　　　　一号院大门实景图(2)

3. 一号院院内实景图

一号院院内实景图

4. 二号院院内实景图

二号院院内实景图

5. 一、二号院外墙肌理图

示范基地标识 外墙肌理图

6．三号院实景图

五、室内温湿度实测

1. 测试内容

测试内容包括室内环境温湿度和室外环境温湿度。

2. 测试仪器

测试仪器采用温湿度电子记录仪 GSP-6。该仪器可以每 15min 自动采集、记录温湿度，测试完成后可将采集的数据存储至计算机进行分析。

3. 测试对象

测试村内旧房为近年来新建砖房，无保温措施，朝南布置。一号院内测试点为北侧厢房，2016 年建造，砖混结构，复合墙体外侧为 500mm 厚免烧生态砖墙体。

4. 温湿度统计信息及曲线图

温湿度统计信息

统计信息	室外	村内传统房屋室内	一号院室内
最大值	28.4℃/82.7%	27.5℃/76.3%	24.8℃/79.9%
最小值	22.8℃/59.2%	24.1℃/66.0%	23.9℃/73.9%
平均值	25.2℃/67.3%	25.8℃/69.5%	24.4℃/73.7%

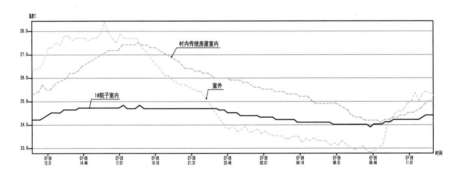

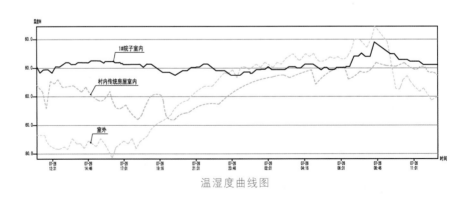

温湿度曲线图

从上图中可以看出，村内老房温湿度随着室外温湿度变化的幅度较大，而一号院室内温湿度曲线则相对平缓，变化幅度小，能非常有效地平衡室内温度和湿度，是天然的"空调"，保持了良好的室内环境。

第二节　绿色农宅的传承与创新

　　结合国家绿色环保政策、新农村建设政策、农村危旧房改造政策、精准扶贫政策的要求，在规划的村庄内，建设节能环保的绿色农村住宅是目前建设资源节约型社会的当务之急。因此，我院成立了绿色农宅研究所，在靠近天水城区的张吴山村选址，投资建成了一、二号院落。其院落为四合院，在使用功能上、建筑材料上、结构抗震形式上、水暖电设备配置上均有所创新。

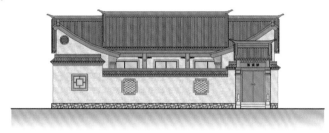

一号院正立面图

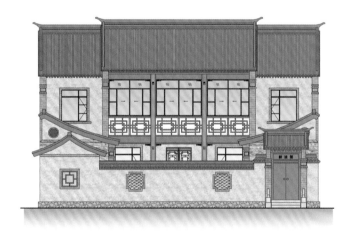

二号院正立面图

一、平面功能

1. 一号院平面功能

　　一号院为传统四合院的布置形式，由主房、两侧耳房及南北厢房组成。主房厅堂坐西朝东，三开间，尺寸分别为 2.7m＋3m＋2.7m，进深尺寸 4.2m，外设 1.5m 宽的檐廊；两侧的耳房开间为 3.3m，进深尺寸 5.7m；南北两边设有厢房，两开间，尺寸为 3m＋3m，进深尺寸 3.3m。厢房离开主房设置，二者间外墙净距 1.36m。

　　厅堂在室内入户门对面，设置一张摆放香炉的条案，紧靠条案前居中放一张八仙桌，左右两侧各摆置一把太师椅,这样的布局传承了传统文化;厅堂的一侧靠窗设置沙发茶几,对面墙为文化墙电视柜,方便现代人起居;厅堂的另一侧靠窗设置一"火炕",供老年人居住,炕与厅堂的其他功能之间设有活动隔断,需要休息时可以拉上隔断,继承了传统的生活方式,在厅堂内也形成一个半独立的卧室。

耳房,左右各一间。一侧为主卧室,尺寸较大,可布置双人床及卧室家具;耳房的另一侧是开放式厨房兼餐厅,尺寸为 3.3m×3.3m,靠里侧设有 3.3m×2.1m 的卫生间,供家庭成员使用,在厅堂的半独立卧室处设有卫生间门,方便老人晚上起夜,在靠近餐厅一侧也设有卫生间门,方便家庭其他成员使用。

厢房,南北共两间。靠大门一侧的为带"火炕"的卧室,供家庭中晚辈居住;另一侧的厢房为带卫生间的卧室,可供客人居住。厢房与主房之间有 2.1m 的轴线间距,两个厢房的入口均开在檐廊的延伸段上,打破了直接从院内进厢房的传统。在冬天檐廊及檐廊的延伸段,其外侧可挂暖帘或软式采暖器形成暖廊,可使所有房间的通行,均保持在较暖和的环境内进行。

以上的布局可以看出,相比传统四合院,一、二号院做到了"厨房进屋、厕所入室"。房间内餐厅、厨房、卫生间及卧室均以厅堂为中心设置,做到通行路线最短;厨房和餐厅同室设置,减少做饭与就餐之间的距离,增强了家庭成员做饭的参与感,这样的设置更适宜于刚结婚新人的生活,在做饭过程中增加感情。

一号院的大门设在东边的北侧,入户后有 3m×2.7m 的过渡空间,门对面墙上设有照壁,进院子的一侧设有一道带月亮门的院墙。该院东边的南侧设有一个 3.3m×2.7m 的设备间。

2. 二号院平面功能

二号院也为传统四合院的布置形式,由主房、两侧耳房及南北厢房组成,和一号院不同的是主房部分为两层。主房厅堂坐西朝东,三开间,尺寸分别为 3m+3m+3m,进深尺寸4.2m,厅堂外设 1.8m 的走廊;两侧的耳房开间为 3.3m,进深尺寸 6m;紧靠主楼,南北两边设有厢房,两开间,尺寸为 3m+3m,进深尺寸 3.3m。

厅堂设置与一号院基本相同,厅堂的另一侧设置有楼梯和电梯。厅堂上面的二层为主卧室,轴线尺寸为 6.0m×4.2m。

耳房,左右各一间。其中一侧耳房的一层尺寸为 3.3m×3.9m 的餐厅和尺寸为 2.1m×3.3m 的卫生间,二层为书房和卫生间分别与一层的餐厅和卫生间上下相对应。书房的出入口设有两个:一个门通过卫生间与主卧室相通,另一个门设在过道上,方便主人的使用及出入,是一个较私密而舒适的休闲学习空间;另一侧的耳房,一层尺寸为 3m×4.2m 的卧室,外侧为厅堂走廊的延伸段,该卧室供老人居住,与厅堂与厢房设门相连,方便老人的出入和照顾,二层为一个尺寸为 3.3m×6m 的卧室,尺寸较大,可供小孩居住和学习。

厢房,厢房南北共两间。开间尺寸为 3m+3m、进深尺寸 3.3m。靠大门一侧即老人卧室一侧的厢房,划分一间尺寸为 3.9m×3.3m 次卧室和一个 2.1m×2.1m 的卫生间,其卫生间可供旁边的老人就近使用;另一侧的厢房,划分出一间尺寸为 3.3m×2.1m 的厨房和尺寸为 3.9m×3.3m 的客房,厨房紧靠餐厅,客房设在外侧,继承传统做法,出口设在院内,保持客房的相对独立。

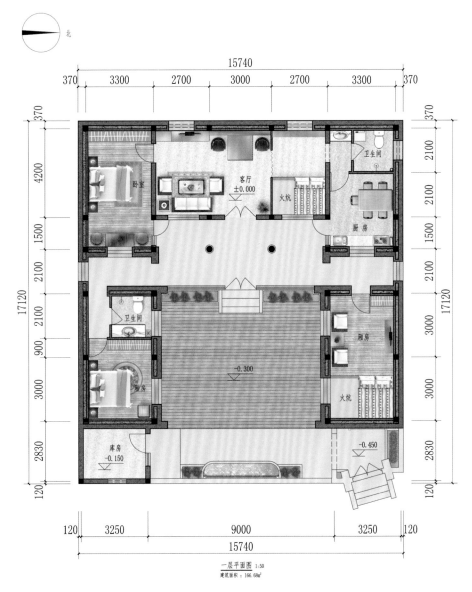

一号院一层平面图

二号院的大门与一号院相同。

3．民宅存在的问题

通过调研发现,目前天水地区,特别是张吴山村的民宅普遍存在以下问题。

(1)院落布局受到经济条件、建造技术和传统观念的限制,厨房远离主房厅堂设置,做饭就餐都不方便;厕所仍为旱厕,设置在室外,如厕卫生环境极差,污染周边环境。"厕所革命"已经是农村生活的当务之急。

(2)传统农宅大多为单坡屋面形制,这样造成了房屋后墙过高,不但浪费了建筑材料,而且增加了劳动强度,特别是抗震性能较差。

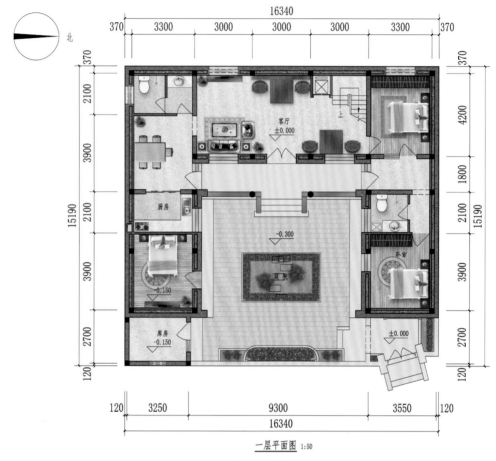

一层平面图 1:50

二号院一层平面图

（3）建筑材料多采用烧制黏土砖、小青瓦及木材,黏土砖和小青瓦属于国家环保政策严格限制烧制的建筑材料,而主要用作屋面檩椽的木材,政策限制更为严格,价格极高,在市场上很难找到,同时木材的耐久性、防火性能较差。

（4）采光和通风欠佳,传统农宅因为地界和安全的原因,外墙四周很难开窗,用来采光的门窗仅能开在院内,因院内前墙较短,开窗面积较小,加之房间相互遮挡较多,房间内采光往往不足。

（5）房屋的屋面没有专设保温措施、木门窗气密性较差,纸糊窗棂几乎没有保温的功能,门窗间的前墙单薄,前墙顶椽间的空隙基本上不封堵,这些致使房间气密性不好,热工性能较差。

（6）厅堂、耳房、厢房的门都直接向院内开设,冬天室内外温差较大,频繁开门造成室内热量损失,也使居住者生活不便,又影响身体的健康。

（7）地面及外墙根部没有做防潮措施,致使房间在多雨季节时,室内阴冷潮湿,这样居住环境容易影响居住者的身体健康,也同时影响着房屋的耐久性。

（8）房屋的后墙、侧墙一般为夯筑墙或土坯墙,其墙体的施工劳动强度大,随着人工成本的增加,造价越来越高。同时,因为墙体较厚引起自重较大,墙体容易因地基处理不好或

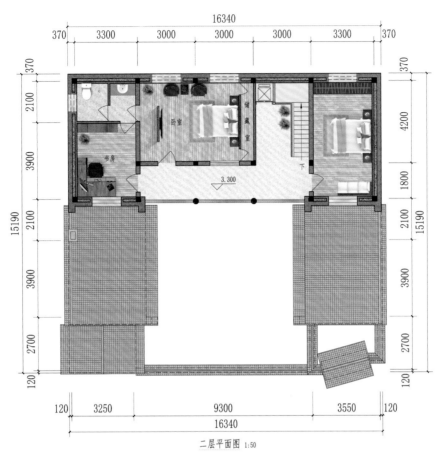

二层平面图 1:50

二号院二层平面图

黄土的局部湿陷产生竖向裂缝。

（9）农村原来普遍采用火炕采暖，火炕的燃料通常是农作物秸秆，冬季采暖时，造成整个村庄受到炕烟的污染，同时炕烟也容易串到房间内影响住户的健康。随着农业产业结构的调整，农作物秸秆越来越少，火炕失去了原来的优势，慢慢地由煤炉和土暖气所代替，但是热效率不高，采暖效果不佳，容易产生一氧化碳中毒。冬季采暖已成为农宅的棘手问题。

4. 技术措施

针对上述问题，在设计及施工中采取了以下措施。

（1）保留了四合院的布局形式，在平面上引进了对生活方便、居住品质高的现代别墅设计理念进行布局，做到了"厨房进房，厕所入室"，避免了传统民居的厅堂、耳房、厢房、厨房、厕所入口均从室外或者室外连廊入室的弊病。

（2）将主房屋面设计为双坡屋面，解决了单坡屋面后墙过高的问题，降低了后墙的地震安全隐患。

（3）使用以黄土免烧砖为主要建筑材料，砌筑500mm的空斗复合墙，替代夯筑墙和土坯墙，其蓄热性能、"呼吸"性能、热工性能、抗震性能、耐久性能均达到或超越同厚度的夯筑或土坯的效果。因为免烧砖是就地取材、现场机械加工，节约了材料、人工及运输费用。屋面上的小青瓦为回收的旧瓦,是当地旧房拆除的剩瓦。旧物回用,减少建筑垃圾对环境的污染。椽为预制的钢筋混凝土椽,檩用现浇梁替代,门窗为复合板或铝合金材料,该示范性农宅中几乎没有用到原生木材。

(4) 在设计上尽量增大门窗的开窗面积,提高窗地比;采用透光较好的铝合金窗,特别是全玻铝合金门;将光线要求不太高的餐厅、卫生间设置在耳房中,将耳房连接厢房与主房的连廊雨棚设计为玻璃顶;在主房和耳房的后墙上设置高窗。利用以上措施,可有效解决四合院中房屋采光不足和通风不好的问题。

(5) 屋面主要铺设 200mm 麦草泥加 30mm 挤塑聚苯板,作为保温层的保温材料,其保温性能满足目前规范对寒冷地区屋顶保温的要求。门窗采用断桥铝合金材料,玻璃为双玻,其气密性及热工性能满足目前规范对寒冷地区门窗的要求。因主房和厢房分别被 500mm 的黄土复合墙围护,前墙除门窗外仍然是较厚的复合墙体,解决了前墙单薄、气密性不好的问题。

(6) 房间内餐厅、厨房、卫生间及卧室均围绕厅堂设置,做到通行路线最短,出入口都朝向厅堂;两个厢房的出入口均开在暖廊内,解决了传统建筑中因为直接从院内,出入各个房间带来的诸多弊病。

(7) 外墙墙脚处做防潮层,同时外墙在散水以上做防水防潮勒脚;地面下 600mm 处设置塑料膜或土工布防潮层,其上回填较干燥的黄土后,再根据住户需求做面层(最好是透气渗水的地砖)。这样的墙体和地面构造充分利用了黄土的特性,对一层室内起到防潮和调节一层室内温湿度的作用。

(8) 二号院在主楼的厅堂中,靠近楼梯设有一部绿色低层迷你型便捷电梯。该电梯利用光伏板蓄电作为动力,价格低廉,性能可靠,主要为老人提供上下楼便利,不增加用户使用费用,但提高了房屋的品质,是农村经济实用的垂直交通设备。

从以上的布局可以看出,和传统四合院相比,做到了"厨房进屋、厕所入室"。室内餐厅、厨房、卫生间及卧室均以厅堂为中心设置,做到通行路线最短。在冬天一层走廊外侧挂暖帘或软式采暖器,可使所有房间的通行活动,均保持在较暖的环境中。与传统四合院需要通过院子进入各房间的通行相比,这种布局解决了出入房间热冷突变,造成身体不适和容易感冒的问题。

二、建筑节点构造

1. 地面

地面作为围护结构的一部分,它的热工性能对室内温湿度有较大影响。建筑物一层若不做防潮措施,会使墙体受潮,将会使墙面抹灰粉化、脱落,抹灰表面生霉,损坏家具,影响人体健康;冬季地面含水量较高时,容易形成冻融破坏。因此,本案例在地面构造上采取了如下防潮措施,充分利用了黄土防潮、"呼吸"及隔热的特性,很好地解决了一层地面潮湿的问题。

2. 外墙

1) 免烧生态砖的特性

本案例中占比例较多的砌体材料采用黄土免烧生态砖,尺寸与烧结黏土砖相同,即

240mm×115mm×53mm，黄土泥免烧生态砖的主要特点是不进行煅烧，在制砖的黄土泥内加秸秆、水泥（石灰、料礓石、糯米粉）、树脂等材料来提高热工性能和强度。免烧砖有如下特性：

（1）蓄热和隔热性能相比烧结黏土砖性能好，更有利于冬季保温和夏季隔热，特别是能够很好地调节室内温、湿度，是建造被动式建筑的理想材料。

（2）黄土泥免烧生态砖中占比较大的黄土和秸秆，可就地取材、就地加工、工序简单、节省劳动力和运输费用，降低了建筑成本，保护了环境。

（3）所砌墙体继承了传统夯土墙或土坯墙的优点，其蓄热、隔热、调湿、隔音、防火性能良好，是造价最省、最天然、最适宜人体生理需求的热工围护材料。

（4）所砌墙体和传统夯筑墙或土坯墙一样，当废弃后可自然降解，直接回归自然，不产生建筑垃圾，对环境无污染。

为了解决黄土泥免烧生态砖这种新材料的热工性能、耐久性能，尽可能提高其自身强度，我们在黄土中加入各种配料，进行生态砖性能的实验。掺入农村常见的秸秆，可以很好地改善生态砖的热工性能；掺入石灰、料礓石、水泥或糯米粉等小比例的传统建筑材料，可明显提高生态砖的强度；掺入微量的聚氯乙烯，可有效提高生态砖的塑性，增加其表面的光洁度。

不同材料特性表

序号	组合材料	用料比例体积比	导热系数/(W/(m·k))	蓄热系数/(W/(m²·k))	表观密度/(kg/m³)	强度/MPa
0	黏土烧结砖		0.55		1700	10
1	黄土＋秸秆＋石灰	5：4：1	0.38	6.38	1460	3.8
2	黄土＋秸秆＋料礓石	5：4：1	0.40	6.73	1500	4.5
3	黄土＋秸秆＋水泥	5：4：1	0.35	6.04	1420	5.0
4	黄土＋秸秆＋糯米粉	5：4：1	0.36	6.03	1380	4.2

2）墙体构造

一、二号院的主房是500mm的复合墙体围合，其内侧砌150mm的黏土砖，主要起增加强度和抵抗地震时的水平抗震作用；外侧砌150mm的黄土泥免烧生态砖，主要是起围护作用；两墙之间每砌2块顺砖，再砌1块丁砖，进行内外墙拉结。同时，形成170mm×255mm的竖向空腔，在空腔内密填经防腐、防火处理过的秸秆，提高墙体的物理性能。外墙转角处和每开间的外墙处设置构造柱，代替传统墙内埋设的木柱，提高墙体的整体性能和抗震能力。

墙体外侧抹50mm的黄土泥秸秆墙体粉刷材料，其表面压成形似夯土墙外表的肌理，继承了土香土色的传统特色。墙体内侧的烧结黏土砖墙上先贴一层玻纤网，其上再粉刷一层30mm的黄土泥秸秆墙体粉刷材料，在室内营造出有益人体健康的生土建筑的生活环境。

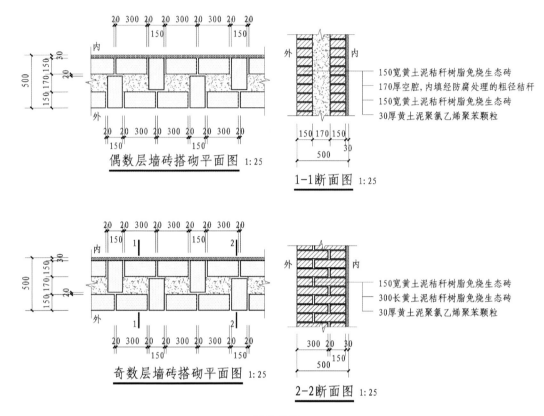

偶数层墙砖搭砌平面图 1:25

1-1断面图 1:25

150宽黄土泥秸秆树脂免烧生态砖
170厚空腔，内填经防腐处理的粗径秸秆
150宽黄土泥秸秆树脂免烧生态砖
30厚黄土泥聚氯乙烯聚苯颗粒

奇数层墙砖搭砌平面图 1:25

2-2断面图 1:25

150宽黄土泥秸秆树脂免烧生态砖
300长黄土泥秸秆树脂免烧生态砖
30厚黄土泥聚氯乙烯聚苯颗粒

墙体构造

该复合墙体所用的生态砖及空腔内所填的材料，主要起改善房屋物理性能的作用，所用的烧结黏土砖主要是增加其强度。这样的复合墙体，其热工性能优于490mm的烧结黏土砖墙，其强度接近240mm的烧结黏土砖墙。通过热工验算，能够满足绿色建筑要求；通过比较，其防火性最优；通过抗震验算，其二层楼也能满足9度抗震设防。该复合墙体应用于低层建筑的外墙上，其蓄热、隔热、调湿、隔音、防火性能优越，而且能够满足高烈度地区的抗震要求，是绿色农宅理想的外墙材料和做法。

3. 内墙

一、二号院房屋结构形式为混合结构。地震时，单层厢房由四周围合的复合墙体承担水平荷载，复合墙体完全可以满足地震时承担水平荷载的要求；主房由四周围合的复合墙体，会同耳房和厅堂间的内横墙共同承担，因内横墙承担水平荷载较大，因此将该两道横墙设计为240mm的烧结黏土砖墙。经过验算，可满足承担地震时水平荷载的要求。

4. 屋面

屋顶是建筑上部的围护结构，又是第五立面，其至少必须具备防水、保温的功能要求，还要考虑其美观要求。一、二号院屋顶继承了传统民居的斜屋面形式，但木椽被预制混凝土椽代替，梁和檩条被现浇钢筋混凝土代替，木槛板由九厘木工板代替，墙内木立柱被钢筋混凝土柱代替，小青瓦和脊瓦是周围被拆的旧房中搜选而来。屋面的具体构造如下：

（1）将钢筋混凝土椽预制椽在双坡屋面时安装方法，前坡屋面椽的前端支撑在前墙上，并伸至前檐口边，后端支撑在屋脊中心大梁上；后坡屋面的椽前段支撑在后墙的圈梁上，并伸至后檐口边，后端支撑在屋脊中心大梁上。单坡屋面的椽前段支撑在前墙的圈梁上，并伸至后檐口边，后端支撑在后墙上。当安装预制椽后，再浇筑墙顶圈梁和中心大梁，将预制椽锚固在圈梁和中心大梁上。预制椽的断面檐口部分为"口"形，房屋部分为"凸"形。

（2）椽与椽之间铺设九厘板，在九厘板之上椽与椽之间形成 60mm 的凹槽，在凹槽内填充通过防腐处理的秸秆，作为屋面的第一道保温层。

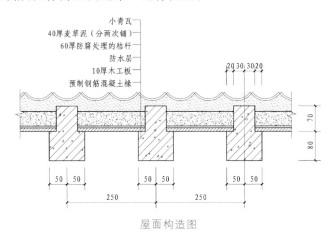

屋面构造图

（3）为使屋面保温性能更好，在椽和秸秆保温层上，分层铺设 120mm 的黄土泥秸秆保温材料，作为第二道保温层。

（4）在第二道保温层上铺设小青瓦，作为屋面的防水层。同时，选择性地完成正脊、垂脊等传统屋面的细部构件，以能够体现传统建筑的风格为准。

一、二号院沿用传统民居的屋面风格，对预制椽进行了举折处理，在屋面上形成优美的弧线，其挑檐处的椽子由"凸"字形改为"口"字形，反映出挑檐上椽子的肌理，结合屋面上的滴瓦，留住了乡愁，再现了传统房屋檐口的美感。

5. 门窗

一、二号院设计中使用较为先进的、节能性能较好的铝合金断桥隔热中空玻璃门和窗，替代了传统建筑的木门和木窗。门窗设置过大，采光好但是保温节能不好；门窗设置过小，有利于保温节能，但是室内过于黑暗，致使房间内白天需要照明，同样浪费能源。从节能角度考虑，在满足采光要求的情况下，门窗越小越好。

一般门窗的传热系数为 $2.4 \sim 2.8 \mathrm{W}/(\mathrm{m}^2 \cdot \mathrm{k})$，外墙传热系数为 $0.5 \mathrm{W}/(\mathrm{m}^2 \cdot \mathrm{k})$，窗的传热系数是外墙的 6 倍，可见门窗是室内耗热量最大的部位，门窗保温的好坏是节能的关键。所以，门窗开洞面积、门窗的型材、玻璃、密封材料和开启方式以及安装工艺，都直接影响着门窗的节能效果。因此，选用断桥隔热型材、中空玻璃、提高门窗的气密性，采用平开窗，增强门窗与洞口的封闭质量，可提高门窗自身的节能性能。

三、四合院现代形制

1．建筑四合院形制"回归传统"

一、二号院仍然继承了天水传统四合院的空间构成形式，并在此基础上，全方位优化了功能组合，并简化了构成元素。大门设在院子的东北角，进门时首先看到的是照壁，入户的左侧设置带有月亮门的院墙，在进大门处，分割出 2m×2.7m 的过渡空间，以增加院内的层次感，满足风水上的习俗。左转穿过月亮门，进入约 8m 见方的正院，从抑到扬，使人眼前一亮，此时映入眼帘的是厅堂的檐廊，各房间的正面及坡向院内的四周屋面，使住户感觉回到了属于自己的空间。房屋沿三边布置，西面的主房中轴对称，两厢房南北靠围墙设置，东侧围墙下设有鱼塘和假山，与厅堂相呼应，围墙两侧的漏窗，使云朵远山忽隐忽现。

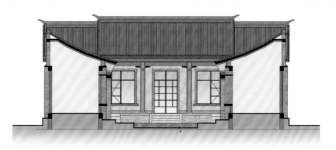

一号院正立面图

2．建筑尺度力求"突出主体"

院内以主房为主体，厅堂是长者居住的地方。按张吴山村当地村民的生活经验和习俗，场地西侧为山，东侧视野较为开阔，故而主房坐西朝东，这就使西房在进深尺寸和高宽两个方向尺度都较厢房大，是全院建筑的中心，厢房尺度大于耳房和厢耳房。

二号院正立面图

3．建筑天际线形成"高低错落"

平面功能上重要和强调的建筑，在立面中也相应地突出。

（1）提高台明以突出主要建筑，主房的台明比厢房的台明高；

（2）将主房的层高提高或为两层，主房相对其他房间层高提高；

（3）主房进深较大，即使是双坡屋面，高度仍然比其他房屋突出；

（4）厢房较厢耳房较高，入口大门又比围墙高。

综上所述，形成高低错落而主次分明的建筑特点。

四、立面设计

1. 外墙

院外墙用黄土泥秸秆树脂粉刷材料分层粉刷，厚度为 50mm，先做 10mm 的找平层，其上再做 10mm 结合层，然后粉 30mm 的表层。每层的填料根据其功能不同有所增减，其表层在适当的湿度时用橡形模具压制成水平橡形凹纹肌理。

院内墙、山花、屋面部分外墙及院墙，用黄土泥秸秆树脂粉刷材料分层粉刷，厚度为 25mm，先做 10mm 的找平层，其上再做 10mm 结合层，然后做 5mm 的表层，每层的填料根据其功能不同有所增减。表层用黄土泥比例较大，有利于墙面磨光。

用黄土的自然色调，其粉刷材料质感细腻，门窗处均做了青砖窗套，两种材料既属于同一色系，又具有不同的质感，这种墙面"镶边"使得墙体更加精致，富有观感；院外墙继承了天水地区农村随处可见的土夯墙的水平橡形凹纹风格，并保持黄土本色，使原本朴素的墙面富有节奏和韵律；山花墙用黄土泥粉刷材料粉刷的光面墙体，并在其上用红褐色涂料勾勒出传统山花上梁柱图样，传承了天水民居的元素，丰富了墙体的造型。

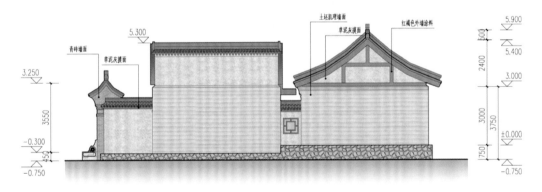

一号院侧立面图

2. 屋面

院落主次分明，主房采用双坡屋面，厢房采用单坡屋面。厅堂屋面略高出耳房屋面，主房屋面略高于厢房屋面，整体高低错落，变化有序，造型优美。此外，坡屋面的防水性能较好，也不积水，在下大雨时，屋面排水形成"四水归堂"的别致景观。

屋顶正脊采用混凝土浇筑成形后，再用收旧来的脊瓦、旧砖进行砌筑。屋脊两端向上翘起，显得房屋有动感、有活力。屋顶垂脊对屋面起到收边作用，使每个屋面都显得独立完整、个性鲜明。

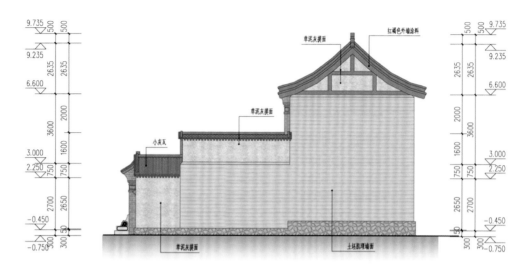

二号院侧立面图

3. 檐廊

继承传统民居的做法,主房厅堂前设置檐廊,其一号院檐廊为1.5m,二号院檐廊为1.8m。檐廊为室内外过渡空间和主要的通行空间,其作用如下:

(1)房屋入口的缓冲地段,由室外环境向室内环境过渡空间。

(2)两耳房的出入门,直接开向檐廊,改善了直接开向室外的弊端,也避免了出入对厅堂的打扰。

(3)为用户或者来客提供一个半室内的休闲和交流空间,对于朝南的檐廊,夏天可以遮阴乘凉,冬天可以享受阳光。

(4)冬天时外挂暖帘,既是暖廊又是门斗,改善各房间的热环境,以及出入室外时减少室内的热量损失。

廊柱继承传统民居的做法,上设平枋、立枋、雀替和柱石,钢筋混凝土廊柱及平、立枋表面粉刷成木质色调。这样的构件元素配置及色调,既节约成本,又能体现传统民居的特色,给居住者一个怀旧、柔和、舒适的居住环境。

4. 大门

大门是一个家庭的门面,一般比较讲究。天水地区农村的大门一般由门扇、门框、门楣、门檐、榫头等主要构件组成,又有石门当等附件。门扇、门框、门楣颜色为一般木质本色,在木门上方一般设一个较窄的、檐口伸出较短的双坡门檐,可起到临时避雨、避风、防晒和防护大门被风雨侵蚀的作用;门两侧檐下设有榫头,榫头上部砖雕为天水民居的"万卷书"造型,寓意读书破万卷;木质门楣上一般雕刻有"耕读第"文字,体现了居住者的文化品位。

5. 影壁

影壁又称"照壁",一般认为影壁可以为家庭招来祥瑞,镶在庭院正对大门处的厢房山墙上,并绘以精美的纹饰和图案。影壁正面一般雕刻有花卉松竹、吉祥动物和传统书法等图案,本案例为了节约成本,将图案喷绘在广告布上,并贴在影壁框内。影壁边框依照传统砖雕做法,影壁下部设三层青砖错缝平砌,上部为带有砖脊的小檐口。影壁从外观上继承了传统影壁的美感,丰富了大门入口,反映了传统四合院文化。

6. 墀(chí)头

一、二号院继承传统做法,在厅堂、耳房、厢房的山墙内端设置墀头。墀头突出前墙面300mm,宽370mm,起到阻挡飘雨的作用,以保护前墙及廊檐明台。依照传统民居在墀头的上部,一般砌筑带有"蝙蝠""葫芦""如意"等吉祥图案砖制品,在一、二号院子的墀头上,砌有"牡丹"图案的砖制品,寓意高贵、典雅、雍容端庄。

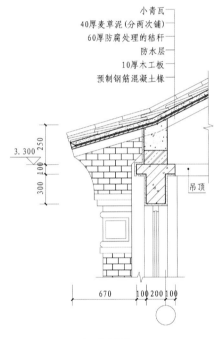

墀头侧面图

7. 围墙

围墙为黄土泥免烧生态砖砌筑,其表面用黄土泥秸秆粉刷材料抹面,墙体顶部为小青瓦砌筑的两坡墙檐,中间设脊,造型精致。围墙局部开窗,窗内用旧瓦砌筑制作,构成镂空图案,使单调的围墙颇显灵动,用极其含蓄的手法将院内院外空间联系起来。

8. 勒脚

勒脚采用破碎的旧瓦片贴面,有效地保护了墙体,既节省材料,又有良好的装饰效果。

9. 院子

院子布局方正,主房对面墙脚处设有一鱼塘,砌筑假山,栽种竹子,使院子富有生机,显得灵动。

院子具有通风采光的功能,有收集雨水的场地,有休闲会客的场所,有晒晾衣物的空间,有种植花木的场地。

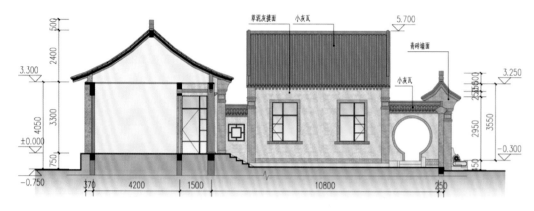

一号院主房剖面设计图

五、剖面设计及热工

1. 檐口节点构造

檐口的形式主要有两种：一种是窗墙上的构造，一种是廊柱上的构造，带有立枋、平枋、雀替。

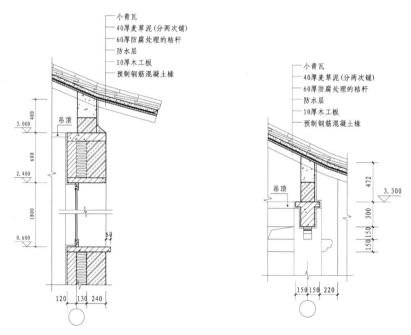

檐口节点构造图

2. 外墙墙脚节点构造

外墙墙脚处做防潮层，外墙地面以下部分的外侧刷冷底子油，外侧再做 300mm 厚的 3:7 灰土，同时外墙在散水以上做 600mm 高的防水防潮勒脚；地面下用较干的原土夯实，设置塑料膜或土工布防潮层，再做 600mm 的黄土，其上可根据住户需求做面层。

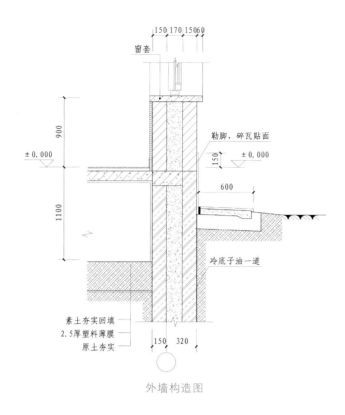

外墙构造图

3. 屋脊节点构造

在预制椽的顶部与梁的交汇处留出胡子筋,即椽与梁交接处,预制椽留出主筋,不浇混凝土。当椽安装完毕后可用8♯镀锌铁丝吊模(底模可吊在安装到位的预制椽上)浇筑主梁,使得胡子筋与主梁有牢靠的锚固。区别于传统建筑的梁檩体系,主梁设为纵向梁,其最大跨度在厅堂上,一号院跨度为8.4m(2.7m+3m+2.7m),二号院为9m(3m+3m+3m)。因主梁跨度较大,该梁高度设计为800mm,梁一部分在椽下,一部分上翻成为屋脊的一部分。

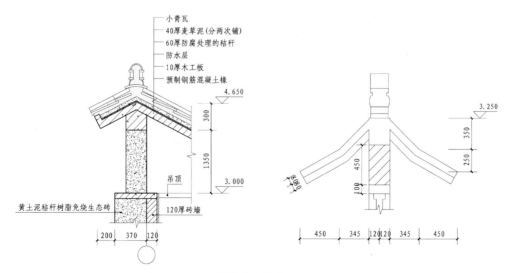

屋脊节点构造图

4. 外墙热工性能

根据外墙构造结构层次从内至外,其热阻如下:

外表面换热阻 $R_1 = 1/8.7 = 0.115(\text{m}^2 \cdot \text{K/W})$

50mm 厚黄土泥秸秆树脂粉刷层热阻 $R_2 = 0.05/0.58 = 0.086(\text{m}^2 \cdot \text{K/W})$

120mm 厚生态砖热阻 $R_3 = 0.12/0.93 = 0.129(\text{m}^2 \cdot \text{K/W})$

250mm 厚秸秆热阻 $R_4 = 0.25/0.13 = 1.923(\text{m}^2 \cdot \text{K/W})$

120mm 厚生态砖热阻 $R_5 = 0.12/0.93 = 0.129(\text{m}^2 \cdot \text{K/W})$

25mm 厚黄土泥秸秆树脂粉刷层热阻 $R_6 = 0.025/0.58 = 0.043(\text{m}^2 \cdot \text{K/W})$

内表面换热阻 $R_7 = 1/23 = 0.043(\text{m}^2 \cdot \text{K/W})$

$$\sum R = R_1 + R_2 + R_3 + R_4 + R_5 + R_6 + R_7 = 2.468(\text{m}^2 \cdot \text{K/W})$$

外墙主断面传热系数: $K = 1/\sum R = 0.41[\text{W}/(\text{m}^2 \cdot \text{K})]$

寒冷地区墙体部分节能规范要求传热系数 $R \leqslant 0.35[\text{W}/(\text{m}^2 \cdot \text{K})]$。

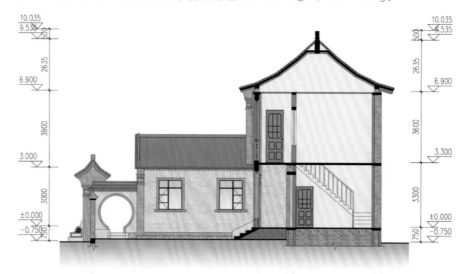

二号院主房剖面设计图

5. 屋面热工性能

根据屋面的构造层次从上至下,各构造层及其热阻如下:

外表面换热阻 $R_1 = 1/8.7 = 0.115(\text{m}^2 \cdot \text{K/W})$

20mm 厚 1:2 水泥砂浆保护层 $R_2 = 0.02/0.93 = 0.022(\text{m}^2 \cdot \text{K/W})$

60mm 厚聚氯乙烯保温板 $R_3 = 0.06/0.047 = 1.277(\text{m}^2 \cdot \text{K/W})$

300mm 厚黄土泥树脂屋面保温材料热阻 $R_4 = 0.30/0.58 = 0.517(\text{m}^2 \cdot \text{K/W})$

100mm 厚钢筋混凝土叠合板 $R_5 = 0.10/1.74 = 0.057(\text{m}^2 \cdot \text{K/W})$

15mm 厚高密板热阻 $R_6 = 0.015/0.17 = 0.088(\text{m}^2 \cdot \text{K/W})$

内表面换热阻 $R_7 = 1/23 = 0.043(\text{m}^2 \cdot \text{K/W})$

$$\sum R = R_1 + R_2 + R_3 + R_4 + R_5 + R_6 + R_7 = 2.119(\text{m}^2 \cdot \text{K/W})$$

屋面主断面传热系数：$K = 1/\sum R = 0.47 [\text{W}/(\text{m}^2 \cdot \text{K})]$

寒冷地区屋面部分节能规范要求传热系数 $R \leqslant 0.25 [\text{W}/(\text{m}^2 \cdot \text{K})]$。

六、结构设计

1. 地基处理措施

该楼房基于广袤的湿陷性黄土地区农村而设计，对于湿陷性黄土地基的处理，依照《湿陷性黄土地基基础处理规范》要求，根据湿陷等级的不同，在基础下需要处理 2～3m 的湿陷性黄土，以换填土的方法为主。

通过对该场地周围的房屋调查，均未做湿陷性黄土的地基处理，但是没有因渗水使房屋塌陷的现象。通过对用水的调查，张吴山村降水较少，又无地下水，生活用水主要是从高度低于场地 300m 以下的市区，提升上来的自来水为主，以窖水为辅，用水相对紧缺和珍贵，在楼房下渗水的可能性不大。同时，楼内的上下水及采暖管道都做在地下夹层中，地下夹层地面做了防水处理，不会存在水漏到基础下的可能。通过分析，不可能有大量的水会侵蚀基础下的地基，所以本案例仅在基坑开挖至基础底标高后进行了原土夯实，没有再对湿陷性黄土进行处理。

2. 二号院楼房结构抗震体系

主楼的外围及前墙（包括廊柱内的前墙）为 120mm 烧结黏土砖和 120mm 黄土泥免烧砖组合砌筑的空斗复合墙，该围护墙也同时起到抗地震水平力的作用，由于二层楼围护墙体的抗震在横向上较弱，将厅堂两端墙设置为 240mm 的烧结黏土砖墙，主要起横向抗震作用。厢房为单层，四周仍然为空斗复合墙围合，其抗震性能和一号院一样，抗震能力很强。

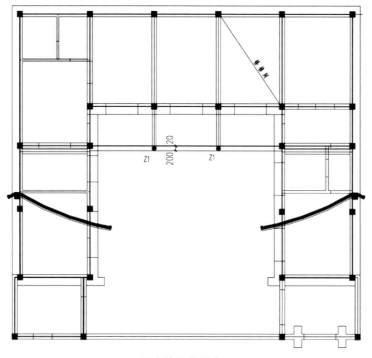

二号院结构抗震布置图

3. 预制钢筋混凝土椽及厅堂中心大梁

一、二号院的屋面用预制椽代替传统的木椽,将钢筋混凝土椽的断面在檐口时为"口"字形,尺寸为 80mm×80mm,屋面部分的椽,预制成"凸"字形,其尺寸最宽度处为 100mm,高度为 150mm,长度按一坡斜屋面的尺寸确定,为使其能有效地与主体结构牢靠固定,先架预制椽,后浇主梁和圈梁(墙上檩条),在椽上预留与主梁和圈梁锚固的钢筋。

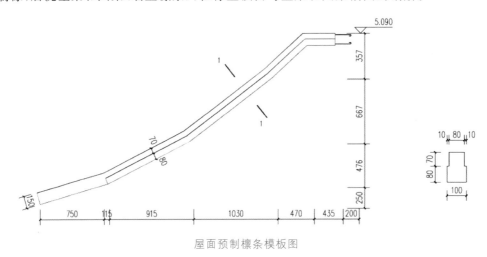

屋面预制檩条模板图

一、二号院区别于传统建筑的梁檩体系,在双坡屋面的屋脊处设置纵向主梁,其最大跨度在厅堂上,一号院跨度为 8.4m(2.7m+3m+2.7m),二号院为 9m(3m+3m+3m)。因主梁跨度较大,该梁高度设计为 800mm,梁一部分在椽下,一部分上翻成为屋脊的一部分。该主梁两侧支撑在厅堂山花的构造柱上,该构造柱直接通向基础,保证了大跨度梁的稳定性和结构的整体性。

七、设备专业创新

1. 家庭生活用水

利用家庭优质杂排水处理设备,进行家庭污水自主处理。可将家庭日常生活中产生的盥洗、洗涤、洗浴用水等,经过新发明的家庭优质杂排水处理设备进行处理。

2. 免排马桶的提出

厕所入室后的污便,可利用节水型免排马桶处理。该设备的原理是,通过集便箱的负压进行吸便,因施加了负压所以用水量很少,从而达到节水的目的;在集便箱集便一定时间后,给集便箱内增加正压,将粪便自动挤压到粪便包装袋中密封,进行打包处理。这种措施响应了"厕所革命"的号召,真正解决了农村地区厕所入室难的问题,对城市的家庭污便处理也有借鉴作用。

3. 太阳能光伏板应用

本案例以单晶硅光伏板发电作为主要能源,每块光伏板尺寸为 1648mm×990mm×40mm,最大功率为 305Wp。通过测试,在天水地区内每块光伏板冬季平均一天发电量为 1.2 度,如果用 10 块光伏板,则可发电 12 度。对于本案例,满足采暖要求的 750L 的水媒,

8块光伏板可加热。天气正常时，光伏板就能满足房屋的采暖需要，生物质秸秆和低峰市电仅作为阴天及下雪天的补充能源。

4. 集中热源措施

根据农宅建筑面积大小及日常生活热水需求，设置一个家用热水器，作为家庭集中热源。其能源主要有：太阳能光伏板、生物质秸秆颗粒燃烧炉、低峰市电，其中以太阳能光伏板为主，生物质秸秆颗粒燃料、低峰市电为补充。

该热水器可以与污水处理设施设置在同一间简易房子之内，在四合院中可以设置在一边的厢房之内。其容积为750L，可满足冬季的采暖及五口之家的生活热水。

5. 软式采暖器设想

软式采暖器是介于空调盘管和柱式采暖器之间的一种新式采暖设备，该设备冬天时挂在门窗内侧，在夏天时可以卷起收藏。相比传统的散热器，软式采暖器优点较多，详见相关发明技术专利。

6. 热水毯代替火炕技术

在火炕的适当位置，设置能够插拔的热水插座，给火炕（床）上的热水毯提供热源。同时为改变室内热环境，在沙发的位置也可设置热水插座，为沙发前地板上的热水毯提供热源。热水毯提供的热量有益于人体的生理需求，避免了电热毯的电磁辐射有害于健康的弊端，也避免了电热毯引起的火灾的隐患。

7. 绿色低层迷你型便捷电梯

二号院厅堂设置了绿色低层迷你型便捷电梯，方便住户的上下通行，特别是减少老人对住楼房的顾虑。该电梯自带一块光伏板充电，可满足家庭正常情况下使用，因不依赖于市电，节省运营费用，是一个名副其实的绿色环保产品。

第三节　示范性绿色农宅实践

三号院楼房综合城市中单元式住宅、复式住宅和别墅型房屋的平面设计模式,在建筑平面功能的组合、建筑材料的开发应用、建筑构造的优化和造型处理的上都有新的突破,是技术含量最集中的示范性房屋。三号院主要传承了传统农村住宅的建筑材料和建筑风格,黄土材料的外墙、灰色土瓦的屋面,与村庄浑然一体,使村子格外祥和、温馨和静谧。

三号院效果图

当前农村建房仍然大量使用烧制黏土砖。黏土砖在制作时耗费大量的煤炭,造成能源的浪费和环境的污染,砖瓦厂占用大量的耕地,并对自然地貌产生人为的破坏。针对以上问题,该房屋是利用广袤的黄土地区随处可见的黄土和农作物秸秆作为原材料,研发出以黄土泥秸秆树脂免烧生态砖、黄土泥秸秆树脂屋面保温材料、黄土泥秸秆树脂墙体粉刷材料、黄土泥秸秆树脂免烧生态瓦等系列建筑材料,代替传统的烧结砖、烧结瓦和水泥砂浆等高耗能建筑材料。这些以黄土为主的系列材料在三号楼房的建筑用料中占80％的比例,这些材料可以就地取材、就地加工、直接使用,因此节约了烧制耗能、减少了加工工序、减少了中间环节的费用,特别是减少了占比较大的运输费用,该材料废弃时,可以自然降解,不会产生建筑垃圾。

该楼房的主要特点:

(1)该楼具有土生土长、造价低廉、工期较短、功能齐全、性能优良、使用成本低的特点,适宜普及推广;

(2)家庭用水主要是以雨水为主,生活优质杂排水家庭处理,厕所污便做到零排放,最大限度地减少了对周围环境的污染;

(3)所用能源主要以太阳能为主,通过光伏板直接加热集中热水供生活所用。

这些特点,能够达到"节地、节能、节水、节材"的目的,切合当前"节约资源、保护环境、减少污染"的国家对绿色建筑的政策要求。

一、总体布局

　　由于一、二号院坐西朝东,主要房间日照不是很充足。为此,三号院设计为坐北朝南,使得主要房间都有充足的日照;针对一、二号院外围护结构面积过大,尤其是外墙,从而体形系数过大,不利于节能的缺陷,三号院在设计时优化了体形系数,建筑呈矩形布局;一、二号院各功能房间的联系不是很紧密,特别是东西厢房在下雨时必须通过外廊穿行,冬季露天通行造成身体不适。三号院楼房将各房间通过厅堂联系在一起,所有的活动都在室内进行,方便住户的生活,提高生活品质。两户拼接的一层平面图及前后院布置图。

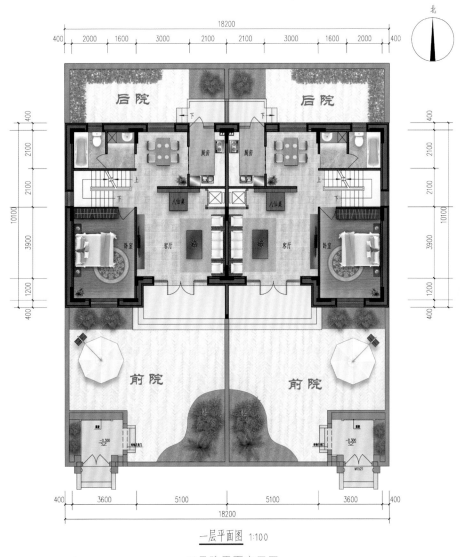

一层平面图 1:100

三号院平面布置图

三号院平面布置图在楼房前后设有前院和后院，前院以休闲为主，种植花木、摆放盆景，为住户提供舒适的室外环境。后院可作为厨房的延伸空间，三号院房间布局更加集中，在满足日常使用功能的要求下，每户的占地面积相比传统农宅都更小，减少了土地占用，符合绿色建筑节地要求。

主楼为钢筋混凝土短肢剪力墙结构，按九度抗震设防，二层楼面及屋顶为钢筋混凝土楼板。为了推广钢筋混凝土装配式建筑（PC），该楼的短肢剪力墙、楼板和楼梯为装配式构件，直接在工厂加工预制，现场组装。通过该楼的建设，为我院提供全方位 BIM 技术出图的机会，用 BIM 指导和控制 PC 构件的制作和安装；为设计人员提供一个 PC 设计的锻炼机会，从而为大量设计 PC 建筑树立信心；为施工人员提供一个 PC 建筑施工的机会，特别是掌握预制构件连接部分的技术措施；为监督和管理人员提供一个 PC 建筑监管的机会，在 PC 建筑监管上积累经验；为社会相关人员创造一个就近参观 PC 建筑的机会，减少去外地观摩学习的成本，让更多的人认识和接受 PC 技术，为推广 PC 建筑奠定基础。正因为如此，该项目已被天水市人民政府列为推广钢筋混凝土装配式建筑的示范性工程，并给予资金支持。

目前，我国农宅的施工方式是现场施工。这种传统的施工方式依赖于丰富的劳动力，劳动强度大，是一种粗放型的施工方式，消耗大量的能源，对环境造成严重的污染。通过 BIM 在建筑设计中的应用，以三维模型可视化与数字化功能，有效地解决了各专业设计中的碰撞问题，协助优化建筑疏漏，同时对构建进行拆分，为工业化生产提供了保障。装配式绿色农宅，减少了现场施工人员的工作量，避免了大量建筑垃圾的产生，同时也减少了粉尘、噪声对环境的污染。

二、建筑设计

1. 平面功能

1）平面功能介绍

该楼房为两户双拼二层楼房，屋面为斜屋面并设阳光房。每户均设有一间厅堂，两层通高，在一层设一间窗户朝南的卧室，供老年人居住，北侧紧靠卧室设有一个楼梯，楼梯北面为卫生间，一层的厅堂北面设有厨房和餐厅；二层与一层对应设有一间窗户朝南的卧室，楼梯北面仍然是卫生间，厅堂北面设一间卧室。为三室、两厅、两卫、一厨的别墅型平面布局，可供 4～6 人居住。房屋平面长度 18.20m，宽度 10.10m，建筑面积 314.48m²，每户面积 157.24m²。

一层进门为厅堂，开间 5.1m，进深 4.8m，宽敞大气，厅堂内一侧布置沙发茶几，靠卧室一侧设置文化墙布置电视柜，厅堂门对面（北面）继承传统风俗，设置一张条案及八仙桌。作为入室的第一空间，厅堂既是起居会客空间，又是联系各房间的空间。厅堂北面的一角能够看到楼梯，另一角设有绿色低层迷你型便捷电梯，在观感上显得豪华大气，在使用上方便舒适。厨房开间 2.1m，进深 3.3m，紧靠厨房的餐厅开间为 3m，进深 3.3m，二者之间半开放设计、联系便捷，方便住户的操作及就餐，餐厅与厅堂之间既相对独立又联系方便。一层的卧室设置在南侧，开间为 3.6m，该尺寸是布置双人床和卧室家具最合理的尺寸，这样的尺寸对居住者最舒适，既无局促感也不空旷，并且采光和通风良好。一层设有公用卫生

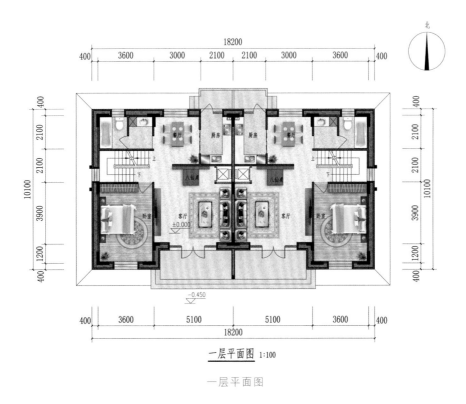

一层平面图 1:100

一层平面图

间,长为 3.6m,宽为 2.1m,能够布置下目前所有的卫生器具,在住宅楼内是较为宽松的尺寸,达到了别墅型建筑的效果。

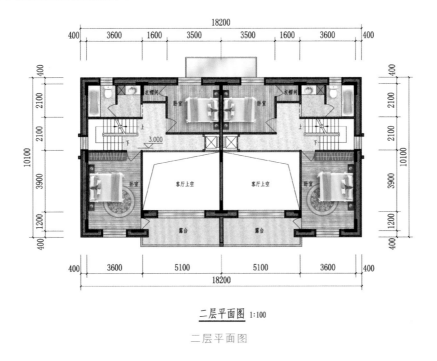

二层平面图 1:100

二层平面图

厅堂一、二层通高,厅堂的北侧上空的二层标高处设有一连廊,联系楼梯和电梯,依栏俯瞰厅堂,景观尽收眼底,有利于家人之间的交流。二楼北侧和南侧各设一个卧室,南侧为主卧室与一层卧室尺寸相同、位置对应,北侧为次卧室与一层厨房、餐厅的位置对应,开间为3.6m,进深为3.6m。两个卧室的开间尺寸和一层一样,是较为理想的尺寸。在一层卫生间的上面设置一个同样的卫生间,方便楼上居住者使用。在一层入口上面设有半凸半凹形的阳台,可以从二层南侧自由出入,使居住者沐浴阳光和呼吸新鲜空气。

2)平面功能特点

与一、二号院平面功能相比,三号院的楼房有如下优点:

(1)融合了现代住宅楼房、复式楼房及别墅建筑的平面优点,对各房间进行了优化组合,使各功能之间联系紧密、动静有别、干湿分离,最大限度地减少了交通面积,餐厅、厨房、卧室、卫生间围绕厅堂设置,各房屋之间通行路线最短、联系方便,每层设置卫生间,方便就近使用。

(2)动静分区明确,将活动较为频繁的厅堂、餐厅、厨房、公用卫生间设在一层形成动区,以方便家庭成员之间的交流与沟通;将需要安静的两个主要卧室设置在二层形成静区,有利于居住者独处、休息与静养;将老人房设置在一层紧靠动区,方便老人使用,方便对老人的照顾。

(3)干湿分离明确,一、二层各设一个窗口对外的卫生间,在卫生间内将淋浴和便池靠窗一侧设置,将盥洗设在内侧,并在其间设置隔断,将用水量较大的、容易漏水、产生湿气的洗衣机单独设置洗衣间。

(4)由于平面设计为矩形平面,杜绝了传统别墅因丰富造型而产生的大凸大凹现象,外墙最大限度地减少了长度,相应外围护结构的表面积减少,从而相对应的体形系数最小,使得建筑的热工性能最好。

(5)相比塔式住宅,该建筑平面南北通透,房间布置合理,所有房间都有对外的窗户,能够自然通风采光,保持空气对流调节室内温湿度,保持室内空气清新,特别是厨房和卫生间有对外的窗户,提高了住宅的生活品质。

(6)两层厅堂通高,视野开阔,厅堂面积大,避免了和其他房间层高同高时的压抑感,也加强了上下层的联系,减少了二层平面的偏僻感。两层通高的门窗使厅堂内有充足光线和日照,无论一层眺望还是二层依栏俯视均有美观大气、雍容华贵的观感,联想到厅堂屋面上的阳光室,整个房间有整体通透的感觉,感觉到看见了蓝天白云,有一种心旷神怡融入大自然的感觉。厅堂顶屋面上的阳光室,既是夏天纳凉品茶会客的地方,也是老人白天沐浴阳光、颐养身体的休憩室。

(7)在厅堂内,设置绿色低层迷你型便捷电梯,方便住户上、下通行,特别是减少老人对住楼房的顾虑。该电梯自带一块光伏板充电,可满足家庭正常情况下使用,因不依赖于市电,节省运营费用,是一个名副其实的绿色环保产品。

(8)地面设置钢筋混凝土楼板,替代传统的地面做法,其下形成一个净高不大于1m的地下空间(层高控制在1.2m以内,不计建筑面积)。该空间可作为设备层和储藏空间,这样便取消了管道地沟,也解决了一层防潮问题,改善了一层的居住环境。

2. 墙体构造

1) 外墙

墙体构造及优点,室内地坪以下用水泥泡沫砖砌筑 500mm 的空斗墙,其空腔内用黄土加秸秆填实,室内地坪以上由黄土泥秸秆树脂生态免烧砖砌筑 500mm 的空斗墙,其内填充通过防腐处理的秸秆材料。该墙体为复合夹芯墙体,其热工性能良好,完全满足绿色建筑的热工标准,同时黄土具备的呼吸功能,对室内的温度和湿度具有很好的调节作用。

空斗墙的砌筑方法为两顺一丁,内、外皮分别为砌 150mm 的单砖墙,在墙体的长边方向每砌两块单砖为顺砖,再垂直砌一块单砖为丁砖,丁砖起到内、外皮拉结的作用,砌筑丁砖的灰缝内铺设玻纤网以加强整体强度。这样砌筑形成了 170mm×255mm 的空腔,其空腔内填充保温材料。

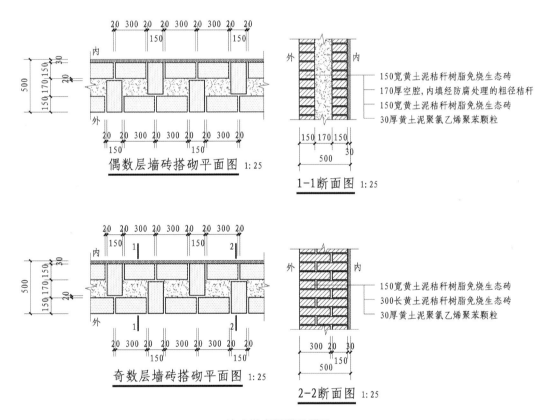

墙砖搭砌平面断面图

因外墙为水泥砂浆砌筑,水泥砂浆勾缝的黄土泥秸秆树脂免烧生态砖墙为清水墙,黄土生态砖直接暴露在外,体现黄土材料的质感。跟传统的黄土墙体房屋一样,防止暴雨冲刷是一个必须考虑的问题,该楼房采取以下措施防止暴雨的冲刷:

(1) 参照传统民居外墙的处理方法,前后屋檐至少净挑出 600mm,左右两侧屋面也伸出山墙墙面 300mm;

（2）在楼板及屋面板处伸出 300mm 宽 60mm 的挑板，这可有效地防止楼房中雨水对墙面的冲刷；

（3）清水砖墙为黄土泥秸秆树脂生态免烧砖，其内掺有一定量的树脂，其砖本身有一定的防水性能，防止雨水冲刷。

2）内墙

内墙主要用特制的黄土泥秸秆树脂免烧生态砖砌筑，该砖表面贴一层玻纤网并进行喷塑，这样不但增加了砖的强度，而且其表面美观，可作为装饰材料使用。内墙一般砌筑为 150mm 的单砖墙体，用泡沫塑料胶砌筑，减少人工强度，避免产生建筑垃圾。因该黄土生态砖表面已做过处理，不再进行粉刷，室内墙面反映出砌筑的层状肌理的美感。

3）门窗套

本房屋中，门窗洞口均安装预制钢筋混凝土门窗套，其优点如下：

（1）加强门窗边复合砌体的强度，提高砌体的整体性能；

（2）代替门窗过梁，其优于传统过梁的受力性能；

（3）窗套略凸出外墙面，丰富了立面的线条；

（4）该窗套在预制构件工厂精细加工，其表面一次成型，不再做粉刷；

（5）安装门窗时因尺寸工整，框料与预制窗套之间结合紧密，气密性较好，减少了门窗的安装工序。

4）外墙的传热性能

实践表明，三号院外墙保温性能较一、二号院的外墙保温性能有了进一步的提高。

3. 屋面构造

本楼房的屋顶设计思路是楼顶保温层和屋面防水层分离设置。

1）楼顶保温层做法

保温层设置在屋面楼板上，在楼板上先铺 300mm 黄土泥秸秆树脂复合材料，其上再铺一层 60mm 的聚氯乙烯保温板，再粉刷一层 20mm 的 1∶2 的水泥砂浆保护层。

2）屋面防水层做法

防水层设置在斜屋面上，其构造有三层，最下层是钢筋桁架椽，中层是在椽上铺设 10mm 的木工板，上层干挂黄土免烧瓦。该屋面用材节省，节点构造简单，建造工序少、施工造价低。

4. 地下夹层

该楼房下面设置一个地下夹层，其层高为 1.15m，可不算面积，作为设备层和储藏空间。

地下夹层地面的隔潮做法，原土夯实以后，先铺一层 0.25mm 的塑料薄膜，在其上做 300mm 的黄土夯实，其上不再做粉刷。这样的做法对地下夹层及一层地面都起到防潮作用，特别对一层来说，因为有一个隔潮的地下夹层地面、空气夹层、一层楼板及粉刷和地面下外墙防潮处理等措施，很好地解决了别墅建筑中一层空间普遍潮湿的问题。

除防潮之外，地下夹层有如下作用：

（1）管道空间，代替了地沟，节约了做地沟的投资；

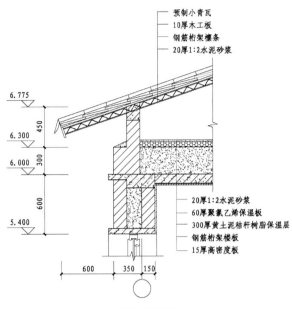

预制小青瓦
10厚木工板
钢筋桁架檩条
20厚1:2水泥砂浆

20厚1:2水泥砂浆
60厚聚氯乙烯保温板
300厚黄土泥秸秆树脂保温层
钢筋桁架楼板
15厚高密度板

屋面构造图

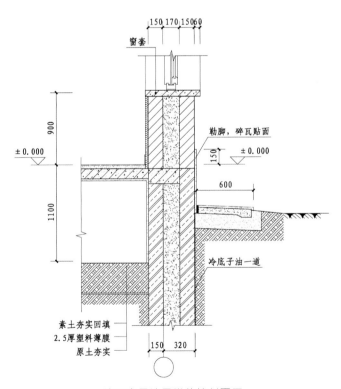

窗套

勒脚,碎瓦贴面

冷底子油一道

素土夯实回填
2.5厚塑料薄膜
原土夯实

地下夹层地层脊外墙剖面图

（2）一个较好的酒窖、农具、果蔬等储藏空间；

（3）地下夹层的空气在冬季可起到保温作用、夏季可以利用夹层中的低温降低室内温度。

如果地下夹层的空气过于潮湿时，可通过地下夹层外墙上设置的通风口进行通风，排掉潮湿的空气。在夏天，当每日气温最低时将地下空间内的热空气置换出去，以降低室内的温度；在冬天，当每日室外温度最高时，将室外的热空气置换到室内夹层中，以帮助室内采暖。这个过程可以自动进行，可通过智能软件控制通风设备自动完成。

5. 节能措施

该楼房继承了传统房屋的墙体做法，本着充分利用黄土这一随处都有的材料，楼房的外墙、地面、屋面的全部外围护结构，都是以黄土为主要材料的建筑材料围合，体现了整个房间用黄土围合的设计理念。该楼房外墙是用500mm黄土泥秸秆树脂免烧生态砖砌成的复合墙，保温节能性能良好，适用于寒冷及严寒地区；屋面采用300mm黄土泥秸秆树脂屋面保温材料，隔热防寒性能良好；设置地下夹层，其特点也是充分利用了黄土和空气夹层的保温、隔潮的性能。可以看出该楼房外墙和屋面较厚，地面以下也采取了多道防潮处理措施，楼房的四周被黄土为主的建筑材料围合。

该楼房的节能措施有如下几点：

（1）主要房间朝南。该平面中厅堂和上、下两个主卧均为门窗朝南的房子，冬天有充足的阳光照在炕上、床上，提高室内的温度，并有一定的杀菌作用。

（2）力求体形系数最小。设计平面尽可能工整，避免像传统别墅型建筑那样，因平面的凹凸布局引起的外墙过长的弊病，最大限度地降低建筑造价，节约采暖能源。

（3）墙体厚度加宽。外墙为500mm的黄土秸秆树脂免烧生态夹芯复合墙，是目前寒冷地区低层建筑外墙热阻规范要求的1.27倍。

（4）屋面保温层增厚。保温材料为300mm的黄土泥秸秆树脂复合材料，是目前寒冷地区低层建筑屋面热阻规范要求的1.47倍。

（5）设置地下夹层。在地面下设一地下夹层，对一层的居住空间起到隔热、保温、调节室内湿度的作用，详见前面地下夹层的论述。

（6）屋面设置空气夹层。屋面保温与防水层分离形成一个空气夹层。该夹层中的空气可用来调节室内的温度。冬天，屋面夹层中的空气通过整天的日照以后，可置换到室内进行采暖补充；夏天，可将当日最凉时将屋面夹层里的空气置换出去，以改善顶层房间的热环境。

所建房屋冬暖夏凉，其性能接近于窑洞的特性，但相对窑洞有较好的通风、采光和先进的使用功能。加之在使用过程中更有效地利用太阳能，几乎不再消耗不可再生能源，体现了绿色建筑的特性。因采暖能耗较小，逐渐接近被动式（内循环零耗能）建筑的要求。

6. 立面特点

立面设计上，从传统建筑中提取建筑元素，结合新材料、新技术打造出既有传统韵味，又洋溢着现代气息的建筑。在造型上，显现了生土建筑敦厚淳朴的整体风格，就房屋较宽的问题，设计成双坡屋面解决。楼房的屋顶形式、外墙表面、立面装饰等方面都继承了传统的做法，即屋面为传统小青瓦形式，墙面为具有土坯墙效果的黄土质感的清水墙，吸收了马

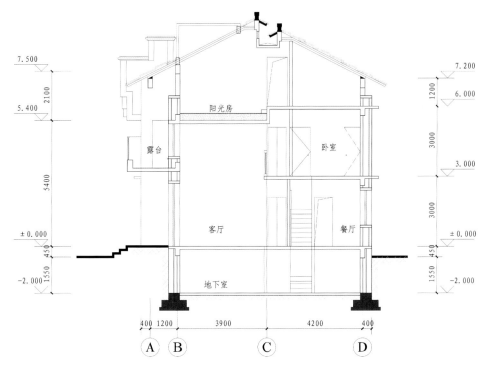

二号院主房剖面图

头墙做法丰富立面。立面上沿用传统建筑门窗设置窗套、勒脚、楼层挑板、挑檐等做法来丰富立面、体现特色,但其节点构造做到了极为简单、用料精简、施工便捷,使之造价最低。阳台栏板和屋面采光室做成玻璃材质,在该楼上起到画龙点睛的作用。在山墙上设置两道竖线条来打破双坡面的厚重,将山墙和屋面进行分割,丰富山墙的造型。这样的处理,虽然没有像别墅建筑的大凸大凹,但立面造型一样别致美观。

（1）该楼房墙体用水泥砂浆砌筑黄土泥秸秆树脂免烧砖,外墙面直接勾缝后暴露出黄土免烧生态砖的黄土本色,俗称清水砖墙。传承了土坯墙的颜色及质感,外墙面的土质色彩与以黄土为地貌特征的环境相适应,与土色土香的旧农宅相协调。

（2）屋面铺设黄土免烧瓦,该瓦可做成小青瓦的质感及肌理,使之与周围旧房子的屋面相协调。消除了现在农村建筑到处平屋顶,与土墙黛瓦的传统村貌格格不入,使村落建设越建越烂的现象。

（3）屋面部分的山花墙用黄土泥秸秆树脂免烧生态砖砌筑单片墙,其外表用黄土泥秸秆树脂粉刷材料粉刷,再现了传统建筑表面肌理的美感。

（4）在山墙上为了打破双坡面的厚重,设两道竖向线条将山墙和屋面进行分割,在侧面形成了大小屋面,左右分别形似"人"和"入"字造型,有"以人为本"或是"入家安乐"的寓意,并丰富了山墙的立面造型。在屋面部分,两道竖线条之间的印章式红色装饰图案,既反映了传统文化的韵味,又是该楼的标识。

（5）兼做入口雨棚的二层阳台,其层高高出二层楼面,增大了入口空间高度,提升了该楼的档次。阳台采用玻璃栏杆,增加厅堂室内的光线,扩大阳台上的视野。

（6）门窗套突出外墙60mm，继承了传统的房屋做法，丰富了立面线条。通过门窗套把最原始的土墙和最现代的门窗实现了有机结合，既有对比又有联系，体现了两种材料的对比美，形成一种建筑特色。

（7）楼层处的楼板伸出一挑檐，将墙体进行水平分割，形成层次感，丰富了立面，同时对过高的清水墙进行了分割，也对清水墙起到了防止暴雨冲刷的作用。

（8）屋顶设有马头墙作为装饰构件，起到户与户之间的分隔和防火作用。同时和山墙的印章一样，对楼房起到标志作用。将装饰构件进行预制在现场组装，减少了现场的施工强度。

（9）屋顶伸出的阳光间采用全玻璃材质，结合阳台栏板玻璃及门窗玻璃，显现出该楼豪华通透的现代建筑风格。瓦与玻璃形成材质上的对比，也反映出传统与现代的碰撞与对话。

该楼房外墙打造成黄土质感的清水墙，特别是山花墙用黄土泥秸秆粉刷，在立面形成了土香土色的风格，屋面又采用了陈旧小青瓦的色质，这样的房屋传承了土墙黛瓦风格。使房屋融入到广袤黄土地貌的自然环境中，使整个村落建筑错落有致、炊烟袅绕，呈现出安静祥和的田园景象。

本案例尽量避免复杂的建筑节点构造。虽然建筑构造简单，但造型设计美观，省工、省材、省能源，最大限度地实现了绿色环保的要求，是一座名副其实的绿色农宅。建筑工期短，就地取材，既发挥了传统建筑的优势，又在此基础上进行了完善和创新。

三、结构设计

1. 地基处理措施

该楼房基于广袤的湿陷性黄土地区农村而设计，对于湿陷性黄土地基的处理，依照《湿陷性黄土地基基础处理规范》要求，根据湿陷等级的不同，在基础下需要处理2～3m的湿陷性黄土，主要是以换填土的方法为主。

通过对该场地周围的房屋调查，均未做湿陷性黄土的地基处理，但是没有因渗水使房屋塌陷的现象。通过对用水的调查，张吴山村降水较少，又无地下水，生活用水主要是从高度低于场地300m以下的市区，提升上来的自来水为主，以窖水为辅，用水相对紧缺和珍贵，在楼房下渗水的可能性不大。同时，楼内的上下水及采暖管道都做在地下夹层中，地下夹层地面做了防水处理，不会存在水漏到基础下的可能，所以本案例仅在基坑开挖至基础底标高后进行了原土夯实，没有再对湿陷性黄土进行处理。

针对类似这样的场地现象，黄土地基建议可不做处理，但需考虑周围边坡和陡坎的黄土的稳定性，不能因倒塌而影响房屋的安全，这样给建房者省下了一笔可观的投资。

2. 黄土免烧砖复合墙体稳定性研究

该楼房为短肢剪力墙结构，墙体仅作为围护结构砌筑在剪力墙的连梁上，其墙体主要考虑自身在地震时的稳定性，为了考虑墙体和梁连接的紧密性，推荐先砌墙后架叠合梁再浇叠合层混凝土的工序，提高墙体的抗震性能。剪力墙和墙体每隔8皮砖均铺设一层玻纤网进行拉结。

该楼房的外围护复合墙的稳定性，通过中国建研院PKPM软件进行抗震验算，能够在地震烈度 9 度时满足要求,消除了黄土复合墙作为外维护结构强度较弱、厚度厚自重大的不利于抗震的顾虑,为以黄土为主的建筑材料在地震地区低层建筑中的广泛应用提供了案例。

3. 装配式短肢剪力墙结构

该楼房采用短肢剪力墙结构,其短肢剪力墙、连梁、楼梯、楼板等主要结构构件在工厂中预制,现场进行施工组装、连接及进行二次浇灌。若大规模建设此类的绿色农宅,可以发挥其质量高、工期短、节约材料、减少支模工序、减少建筑垃圾、节省劳动力的效果。该楼房的施工图以 BIM 出图,特别是装配式结构构件,以 BIM 技术进行设计,通过互联网指导和控制工厂加工构件质量、加工次序和运输时间;并指导和控制现场施工人员进行构件的安装、连接及整浇层的浇筑,从而提高了管理效率、建设速度,达到了节约材料、保护环境的效果。短肢剪力墙布置在每户房屋的周边,即外墙转角处和内外墙交接处,将房屋中间按常规需要设置的柱子抽掉,有利于房屋的平面功能按个性布置,也避免了柱子对视线造成的影响。

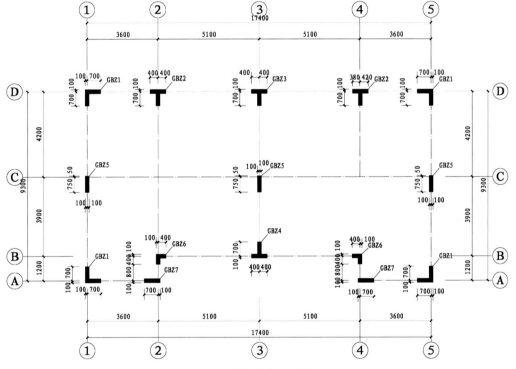

短肢剪力墙的布置图

4. 斜屋面的做法

该楼房屋面采用保温和防水分别设置的思路,保温层设在屋面板上,屋面板做成为传统的钢筋混凝土楼板,其做法可现浇或预制,在斜屋面上铺设免烧小青瓦作为屋面防水。该斜屋面用钢筋桁架椽替代了木椽,几乎不使用原始木材,有利于绿色建筑的推广和发展。为了降低造价,屋面仅作三层,最下层为钢筋桁架椽,间距为 450mm,是木椽间距的 3 倍;中间层为 10mm 的高密板,上刷防腐沥青,下为连接各椽,提高整体性能,上为承载生态瓦的作用;最上层为干挂的黄土泥免烧生态瓦,生态瓦可做成小青瓦的质感,但不需进窑烧制。

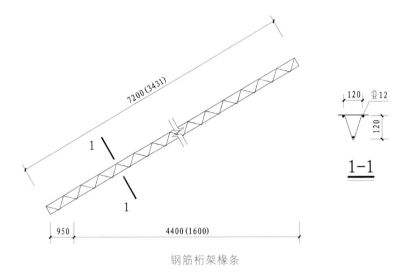

钢筋桁架椽条

5．装配式墙柱的连接措施

传统的装配式构件的连接是用钢套筒注浆的形式,其中套筒和浆料受技术专利的限制,使这种连接变得比较神秘,使造价居高不下。加之灌浆过程肉眼无法看见,饱满程度受到怀疑,使连接的可靠性受到质疑,降低了对装配式钢筋混凝土建筑(PC)的认可程度。特别是在高烈度地区的高层建筑,使用装配式钢筋混凝土结构,对于其竖向构件神秘的钢套筒连接,人们普遍存在着对质量安全可靠的质疑和对所建楼房的无名恐惧。

该楼房中应用了我们发明的新技术,即装配式钢筋混凝土结构剪力墙、柱马牙槎连接技术,代替装配式钢筋混凝土建筑的套筒连接技术,彻底解决了套筒连接普遍存在的诸多问题。通过我们的新技术,使钢筋混凝土竖向构件的连接直观可见、质量容易控制,施工不受专利材料的限制,降低了技术门槛。因为直观可见,消除了人们对装配式构件连接不可靠的顾虑,对装配式建筑的普及和推广扫清了障碍。

该楼房采用BIM技术进行该结构的设计,同时利用BIM技术进行施工和质量监督控制,竖向构件的连接采用了装配式钢筋混凝土结构剪力墙、柱马牙槎技术,该楼房的建设不但在装配式建筑上、BIM技术上、竖向构件的连接技术上都起到了示范作用,通过对该楼参观学习,有利于对装配式钢筋混凝土建筑在天水地区的认知和推广。

6．装配式钢筋桁架复合楼板

该楼房中,用装配式钢筋桁架复合楼板代替装配式钢筋混凝土叠合板,进行楼面及屋面楼板的制作。思路就是取消钢筋混凝土楼板的保护层,这样将钢筋设在板的最下面,其作用如下:

(1)用高密板作为钢筋的保护层,消灭了混凝土保护层,减轻自重;

(2)在浇混凝土时,高密板代替底模,相比现浇结构少了一道支模板的工序;

(3)高密板可作为顶棚的装饰,其外表面在工厂已加工成型,代替了粉刷,减少了一道人工费用较多、难度较大的顶棚施工工序;

(4)顶棚有木屋顶的质感,在室内的观感上要比混凝土要柔和亲切;

(5)高密板有一定的呼吸作用,对室内的温湿度有一定的调节作用。

剪力墙马牙槽连接现场安装图

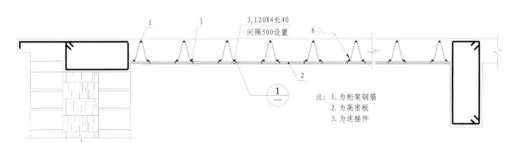

装配式钢筋桁架复合楼板示意图

注: 1. 为桁架钢筋
2. 为高密板
3. 为连接件

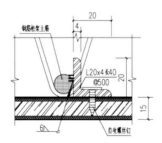

①号索引大样图 1:5

高密板与钢筋的连接图

四、给排水设计

该楼房中,给排水设计是以用水量最少为设计理念,实现水的循环再利用。利用新设备实现家庭优质杂排水的居家处理,并且通过免排型节水马桶进行污便的收集、处理,真正实现了"厕所革命"。

1. 雨水收集

在农宅院内建设水窖,收集雨水。水窖的集水面以屋面和院子为主,当有 $90m^2$ 的汇水面积时,过冬时能够收集 $30m^3$ 的雨水,该水窖存水可满足 140d 的枯水期的生活用水需求,即可度过 10 月底到翌年 4 月初的无雨季节。水窖水通过潜水泵提升后,院内铺设 dn25PPR 塑料给水管道供给院内各个用水点。

2. 优质杂排水处理措施

家庭优质杂排水处理设备放置在地下一层,通过户内 UPVC 塑料排水管道收集的生活废水至调节水箱,然后通过自控程序实现混凝→沉淀→过滤→消毒的处理工艺,将处理后的出水通过二次提升,由 dn25PPR 塑料给水管接至院内浇洒水龙头,达到了节水和高效利用水的目的。

3. 免排型节水马桶的技术措施

厕所入室后的污便,利用节水型免排马桶处理。该设备借鉴了飞机、高铁等节水马桶的原理,加设集便箱与马桶连接,通过集便箱的负压进行吸便,从而达到节水的目的;在集便箱集便一定时间后,给集便箱内增加正压,将粪便通过喷枪打到集便袋内密封处理。集便箱和粪便打包设备,可设置在一个简易房子或地下室内,每隔一段时间进行打包。集便袋可以成批送至工厂或者运输到田间地头,进行堆肥处理。

这样的措施,不需铺设排污管道及建设化粪池,降低了工程造价,避免了厕所对农村周边环境造成污染,真正提升了农宅居住环境的品质,真正实现了国家倡导的"厕所革命"的号召,真正解决了农村地区厕所入室难的问题。该专利的发明,对农村的厕所入室,提供了一条极为可行的技术方案。

五、采暖设计

该楼房的采暖设计,以节能和利用绿色能源为主要目标。其特点是厚墙、厚屋、厚地面,这样的措施所围合的室内空间保温、保湿、蓄热性能良好,冬季仅用少量的能源就可解决采暖问题,极大地节约了能源。室内采暖主要是利用挂在外窗、外门内侧的软式采暖器供暖,在床上或炕上及沙发上设置热水毯进行补充采暖。所需的热能为集中热水,热源主要以光伏板为主,将电能直接转化成热能,供采暖使用。

1. 集中热源措施

根据农宅建筑面积大小及日常生活热水需求,设置一个家用热水器,作为家庭集中热源。其能源主要有:太阳能光伏板、空气源、生物质秸秆颗粒燃烧炉、低峰市电,其中以太阳能光伏板为主,生物质秸秆颗粒燃料、低峰市电为补充。

该热水器可以与污水处理设施设置在同一间简易房子之内,在四合院中可以设置在一边的厢房之内。其容积为 750L,可满足冬季的采暖及六口之家的生活热水需要。

2. 软式采暖器技术

透光的软式采暖器采暖在冬天可挂在门窗内侧,在夏天时可以卷起收藏。相比传统的散热器,软式采暖器有如下特点:

第一,在门窗内侧悬挂该产品,进行室内采暖,阻隔门窗室外冷风渗透,增强室内热环境的均衡度,提高居住舒适度;第二,使用的时候可挂在窗户、内墙、隔断等部位,不用时像窗帘一样收起来,进而达到节省空间的目的;第三,安装简单,在室内灵活设置热源接口,即插即用,达到像取电一样取热;第四,外观可制作成个性化的装饰挂件,使实用性和观赏性合二为一,精简室内设备,美化室内环境;第五,工程建造时,只做入户管线和接水插座,减少因安装暖气设备所延长的工期;第六,该设备使用成本低廉,能够发挥其传统采暖系统和空调所不具备的明显优势。

3. 热水毯代替火炕技术

在火炕的适当位置,设置能够插拔的热水插座,给火炕(床)上的热水毯提供热源。同时为改变室内热环境,在沙发的位置也可设置热水插座,为沙发前地板上的热水毯提供热源。热水毯提供的热量有益于人体的生理需求,避免了电热毯的电磁辐射有害于健康的弊端,也避免了电热毯容易引起火灾的隐患。

六、电气设计

1. 太阳能光伏板应用研究

该楼房以单晶硅光伏板发电作为主要能源,每块光伏板尺寸均为 1648mm×990mm×40mm,最大功率 305Wp。通过测试,在天水地区内每块光伏板冬季平均一天发电量为 1.2 度,如果用 10 块光伏板,则可发电 12 度。该楼房采暖需要集中热水为 750L,一般软式采暖器和热水毯的供水温度为 60℃,回水温度为 50℃,温差 10℃,要将热水器内的水补充温差 10℃,需要 8 块光伏板。由此可见,如果天气正常,光伏板就能满足房屋的采暖需要,生物质秸秆炉和低峰市电仅作为阴天及下雪天的补充能源。

2. 线路插座与装饰构件一体化

在电气上,采用线路插座和装饰构件一体化技术,将线路和插座融合到门套内和踢脚板内,进行室内线路布置。这样基本上消灭了传统做法中,在楼板和墙体等主要结构构件中埋线的问题,既减少了一道重要的施工工序,又保证了结构构件的安全性能不受影响。特别是装配式钢筋混凝土建筑(PC)中,结构构件内走线的问题严重影响着 PC 的推广和应用。采用线路插座和装饰构件一体化技术,使结构构件内不再走线,大大减少了构件的类型,有利于 PC 的推广。

3. 智能一体化技术

该楼房基于智能一体化技术,思路是在手机上安装家电控制 App,通过 Wi-Fi 实现家庭中所有电气设备的无线控制包括:灯具(为减少走线采用遥控开关,不设有线开关)、安防设备、电视、音响、冰箱、通风换气、软式采暖器开关、热水毯开关、热水器的自动加热、免排马桶操作提示、水窖水质水位监测、院内暴雨预警监测等。

七、绿色指标评价

按照《绿色建筑评价标准》(GB/T 50378—2014),绿色建筑评价指标有如下 7 个权重:节地与室外环境、节能与能源利用、节水与水资源利用、节材与材料资源利用、室内环境质量、施工管理、运营管理等。

绿色建筑分为一星级、二星级、三星级 3 个等级,3 个等级的绿色建筑均应满足本标准所有控制项的要求,且每类指标的评分项不应小于 40 分。当绿色建筑总得分分别达到 50 分、60 分、80 分时,绿色建筑等级分别为一星级、二星级、三星级。

通过各项指标计算得出,本案例得分为 81.5 分,满足标准要求的最高等级(三星)。

第四节 示范性绿色农宅创新

可以形象地说,目前农村新建的住宅,就是在宅基地上通过简单的地基处理之后,不管内外均砌筑一砖之厚(240mm)的红砖墙体,屋面打一层钢筋混凝土板,装上门窗就算建成。看似造价很低,但设施简陋,无厨无厕,满足不了村民提高居住条件的基本要求,提升不了村民的生活品质。拆的是危旧房,建设的却是劣质水泥板房,这样的房子建设的越多,造成的资源浪费越大;这样的平顶屋越多,对村貌的破坏越严重。

针对以上农宅的建设现状,本案例选取了天水张吴山村示范性农宅项目中,四号四合院的主房为研究对象,该房屋对农村建设具有很好的示范作用。

该房屋是一座以黄土为主要围合材料围成的居住空间,平面功能合理、居住舒适,立面色彩典雅古朴、造型简洁大方,建筑结构安全可靠,能够抗高烈度地震的影响。由于建筑节点构造简单,施工工序少,施工工期短,从而节约材料,减少人工,达到造价最低。

绿色农宅效果图

该房屋中占建筑材料80%的黄土和秸秆可就地取材,建筑构件可现场加工。同时,利用免烧措施制造成免烧生态砖、免烧生态瓦,避免了因烧制机砖、机瓦及其运输引起的能源浪费和环境污染。生态砖、生态瓦可自然降解,不会产生建筑垃圾,最终回归自然。

建筑各种物理指标符合或超越绿色建筑标准,绿色环保、造价低廉,所建房屋土香土色,融入自然,功能齐全,适宜居住,是一例示范性很强的绿色农宅建筑。该建筑推广对农村建筑的危旧房改造,可提供全方位的示范和指导作用。

一、建筑设计

该房屋为单层,房内设有一间堂屋、两间卧室,北侧设有卫生间和厨房。房屋平面长度为 11.2m,宽度为 6.4m,建筑面积为 $68.8m^2$,外墙为 500mm 的黄土秸秆免烧砖复合墙,该房屋为传统斜屋面,混合结构,按 9 度抗震设防。

1. 平面功能布置

该平面功能相比传统民居有如下优点:一是做到"厨房进房、厕所入室",所有的生活均在同一空间完成,提高了居住品质;二是厨房、卫生间、卧室围绕客厅布置,做到动静有别;三是,厕所、淋浴和盥洗分割设置,做到干湿分离;四是,在平面布置上借鉴了现代住宅楼房的优点,房间平面布局紧凑、使用功能齐全;五是,主要卧室朝南,采光、取暖较好,继承了传统房屋的优点;六是,设有门斗,入户时避免冷空气直接侵入室内,节约能源,门斗上面为玻璃屋顶,可作为一个阳光房使用。

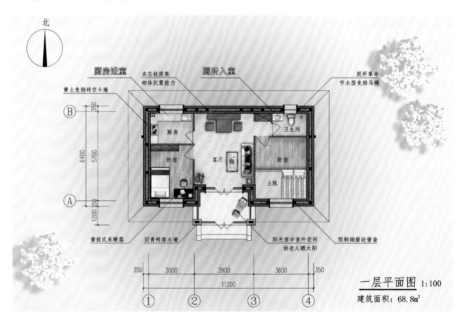

一层平面图

2. 墙体构造

墙体构造及优点,室内地坪以下用水泥泡沫砖砌筑 500mm 的空斗墙,其空腔内用黄土加秸秆填实,室内地坪以上由黄土泥秸秆树脂生态免烧砖砌筑 500mm 的空斗墙,其内填充通过防腐处理的秸秆材料。该墙体为复合夹芯墙体,其热工性能良好,完全满足绿色建筑的热工标准,同时黄土具备的呼吸功能,对室内的温度和湿度具有很好的调节作用。

本房屋中,门窗洞口均安装预制钢筋混凝土门窗套,其优点如下:

(1)加强门窗边复合砌体的强度,提高砌体的整体性能;

(2)代替门窗过梁,其优于传统过梁的受力性能;

(3)窗套略凸出外墙面,丰富了立面的线条;

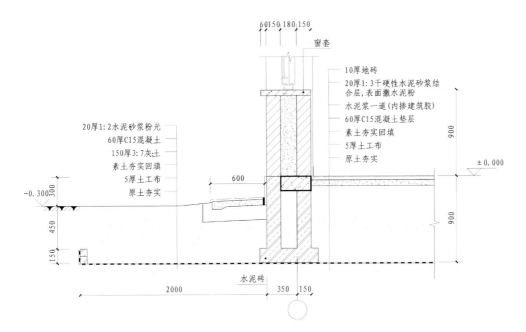

墙体构造图

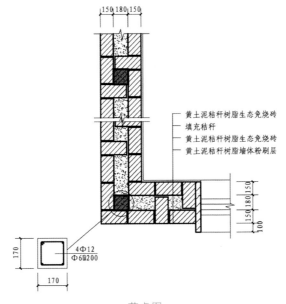

节点图

（4）该窗套在预制构件工厂精细加工，其表面一次成型，不再做粉刷；

（5）安装门窗时因尺寸工整，框料与预制窗套之间结合紧密，减少了门窗的安装工序。

3. 立面设计

本房屋墙体用水泥砂浆砌筑黄土泥秸秆树脂免烧砖，外墙面直接勾缝后暴露出黄土生态免烧砖的黄土本色，俗称清水砖墙。外墙面的土质色彩与以黄土为地貌特征的环境相适应,与土色土香的旧农宅相协调。

屋面铺设黄土免烧瓦,该瓦可做成风雨沧桑后的小青瓦的质感,使之与周围旧房子的屋面相协调。

屋面部分的山花墙用黄土泥秸秆树脂免烧砖砌筑单片墙,其外表用黄土泥秸秆树脂粉刷材料粉刷,再现了生土建筑表面肌理的传统美感。

该房屋外墙打造成黄土质感的清水墙,特别是山花墙用麦草泥粉刷,在立面形成了土香土色的风格,屋面又采用了陈旧小青瓦的色质,这样房屋传承了土墙黛瓦风格,使房屋融入到广袤黄土地貌的自然环境中,使整个村落建筑错落有致、炊烟袅绕,呈现出安静祥和的田园景象。

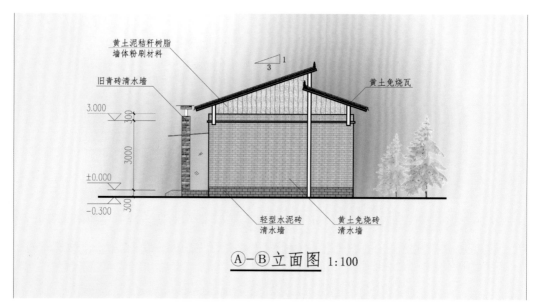

侧立面图

4. 屋面构造

本房屋的屋顶设计思路是保温层和防水层分离设置。保温层为 300mm 黄土泥秸秆树脂复合材料,设在屋面水平楼板上,其上铺一层 60mm 的聚氯乙烯保温板,再粉刷一层 20mm 的 1∶2 的水泥砂浆保护层;防水层设置在斜屋面上,其构造有三层,最下层是钢筋桁架椽,中层是在椽上铺设 10mm 的木工板,上层干挂黄土免烧瓦。该屋面用材节省,节点构造简单,建造工序少、施工造价低。

5. 节能措施

(1)主要房间朝南。该平面中客厅和两个主卧均为门窗朝南的房子,冬天有充足的阳光照在炕上、床上,提高室内的温度。

(2)力求体形系数最小。设计平面尽可能工整,避免像别墅建筑那样,因平面的凹凸布局引起的外墙过长的弊病,最大限度地降低建筑造价,节约采暖能源。

(3)墙体厚度加宽。

(4)屋面保温层增厚。

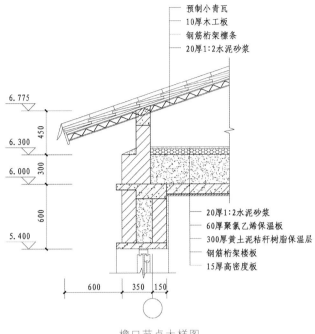

预制小青瓦
10厚木工板
钢筋桁架檩条
20厚1:2水泥砂浆

20厚1:2水泥砂浆
60厚聚氯乙烯保温板
300厚黄土泥秸秆树脂保温层
钢筋桁架楼板
15厚高密度板

檐口节点大样图

（5）地下防潮。在基础下（－0.900m）设一层防水土工布，其上部用较干燥的黄土回填，对室内起到防潮、保温作用，也有较好的调节室内湿度的作用。

（6）入户处设置暖廊。在入户门前设玻璃廊，在开入户门时防止冷空气的侵入，同时也是老人享受阳光的阳光房。

（7）屋面设置空气夹层。

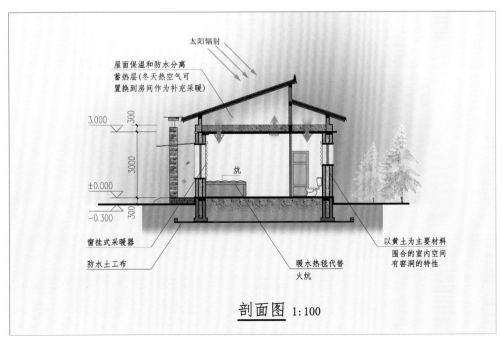

剖面图 1:100

剖面图

　　该房屋外墙和屋面较厚,地面设置防潮层,室内的空间四周被以黄土为主的复合材料围合。由于围合材料的蓄热性能好,抵御温度变化的能力强,使室内始终能够保持在人体适宜的温度范围;由于黄土的呼吸特性,可调节室内的湿度,使室内始终保持在人体生理舒适的湿度范围中。这样很好地利用了黄土的蓄热保温和调节湿度的性能,使室内环境冬暖夏凉,适宜人们居住,夏天不需制冷,冬天仅消耗少量的能源采暖。

6. 立面效果图

小青瓦、门框式入口造型效果图

马头墙玻璃暖廊、门框式入口造型效果图

茅草屋顶造型效果图

二、结构设计

1. 地基处理措施

该房屋基于广袤的湿陷性黄土地区农村而设计,对于湿陷性黄土地基的处理,按照《湿陷性黄土地基基础处理规范》要求,按湿陷等级的不同,在基础下需要处理 2~3m 的湿陷性黄土,以换填土的方法为主,施工需要大挖大填。

该房屋在湿陷性地基处理上的技术措施是,把基槽开挖到基础底标高后,进行原土夯实,其上铺设一层土工防水布,再做基础,内设给排水、供暖、电气管道,墙体砌到地面以上后,可进行原土回填。

本房屋设计的土工防水布是一个非常好的创意,防水布的作用如下:

(1) 对房屋起到防潮作用;

(2) 防止雨水及生活用水浸入房屋地基内,造成黄土湿陷;

(3) 所有进入室内的管道可以直埋不设地沟;

(4) 在地面下施工的工序上和工程量上明显减少,可缩短工期降低造价。

2. 黄土免烧砖复合墙体抗震性能研究

该房屋为混合结构,其地震水平力主要由墙体承担。房屋的墙体为黄土免烧砖复合墙,在墙体转角处、内外墙交接处,门窗两侧的墙体空斗内,设置后浇的钢筋混凝土夹芯柱,其柱与墙体每隔 8 皮砖均铺设一层玻纤网进行拉结。

本案例通过中国建研院 PKPM 软件进行了抗震验算,房屋的复合墙体抗震好,能够抵抗地震烈度 9 度及以上的地震水平荷载,充分挖掘了黄土建筑材料本身在抗震方面的潜力。因不再单独设置抗震构件,从而降低了房屋造价。这样,为以黄土为主的建筑材料在农村的广泛应用,提供了强有力的示范作用。

3. 屋面楼板设计

屋面楼板采用现浇混凝土楼板,为了减少在下部的梁下支模,两道主梁设置为上翻梁。为了避免对墙体产生过大的应力集中,在梁端设置梁垫。现浇板厚推荐为120mm,混凝土强度等级推荐为C25,钢筋强度等级推荐为HRB400,可满足上部荷载较重的要求。该方案可以直接用于施工,免费向建造方推荐。

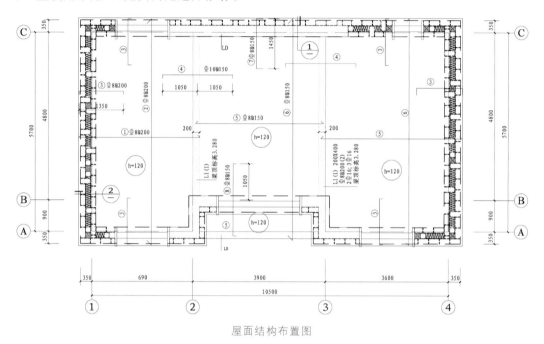

屋面结构布置图

三、给排水设计

给排水设计是以用水量最少为设计理念,通过雨水收集、优质杂排水处理回用和安装免排马桶,实现水的循环再利用。日常生活饮水和其他与人接触用水使用农村乡镇自来水供给。

四、采暖设计

1. 采暖末端

室内采暖末端主要是利用挂在外窗、外门内侧的软式采暖器供暖,在床上或炕上及沙发上设置热水毯进行补充采暖。

2. 集中热源措施

该案例的采暖热源的设计,以节能和利用绿色能源为主要目标。其特点是厚墙、厚屋、厚地面,这样的措施所围合的室内空间保温、保湿、蓄热性能良好,冬季仅用少量的能源就可解决采暖问题,极大地节约了能源。

根据农宅建筑面积大小及日常生活热水需求,设置一个家用热水器,作为家庭集中热源。能源形式有:太阳能光伏板、空气源、生物质秸秆颗粒燃烧炉、低峰市电;其中以太阳能光伏板和空气源为主,生物质秸秆颗粒燃料、低峰市电为补充。

该热水器可以与污水处理设施设置在同一间简易房子之内,在四合院中可以设置在一边的厢房之内。其容积为 750L,可满足冬季的采暖及五口之家的生活热水。

五、电气设计

1. 太阳能光伏板应用研究

本案例以单晶硅光伏板发电作为主要能源,天气正常时可以满足房屋的采暖需要,生物质秸秆炉和低峰市电仅作为阴天及下雪天的补充能源。

2. 线路插座与装饰构件一体化

在电气上,采用线路插座和装饰构件一体化技术,使得结构构件内不再走线,大大减少了构件的类型,有利于 PC 的推广。

3. 智能一体化技术

本案例基于智能一体化技术,思路是在手机上安装家电控制 App,通过 Wi-Fi 实现家庭中所有电气设备的无线控制。

六、绿色指标评价

按照《绿色建筑评价标准》(GB/T 50378—2014),通过相关指标计算得出本案例得分为81.5 分,满足标准要求的最高等级——三星。

七、绿色农宅造价分析

1. 地基处理

本案例中,如果用传统地基处理 2～3m,造价至少为 7.26 万元,用新型的土工防水布处理的地基,造价为 1.35 万元。一般农村建房不做地基处理,存在安全隐患。

2. 基础工程

本案例中,如果用传统基础造价为 3.23 万元,用新型的水泥泡沫砖砌筑,造价为 0.91 万元。前者是后者的 3.55 倍。

3. 黄土秸秆免烧砖与黏土砖造价比较

本案例中,如果用红砖砌筑墙体,造价为 325.85 元/m^3,用新型的黄土泥秸秆免烧砖砌筑墙体,造价为 133.20 元/m^3。前者是后者的 2.44 倍。

4. 黄土免烧瓦与小青瓦的价格比较

小青瓦每块价格 0.5 元,黄土免烧瓦综合价格为 0.2 元。前者是后者的 2.5 倍。

5. 钢筋桁架椽与木椽造价的比较

屋面上用传统木椽时,总造价为 0.61 万元,屋面上用钢筋桁架椽时总造价为 0.41 万元。前者是后者的 1.5 倍。

6. 绿色农宅总造价

土建工程 1300.12 元/m^2,造价 9.15 万元;给排水 99.45 元/m^2,造价 0.68 万元;采暖通风 40.93 元/m^2,造价 0.28 万元;电气 50.11 元/m^2,造价 0.34 万元;房屋总造价 10.45 万元。

八、本案例增加为二层楼时的特点

本案例可以把主房一层形式改为两层。

1. 建筑平面介绍

在一层平面中的厨房位置加设楼梯,将右侧卧室改为厨房及餐厅,在卫生间旁边紧靠客厅,设置绿色低层迷你型便捷电梯。这样,一层有一厅堂、厨房、餐厅、卫生间和一个卧室,二层仍保留厅堂和卫生间,两侧各有一个卧室。形成 2 起居室、2 卫生间、3 卧室、1 厨房和 1 餐厅的平面布局。

该楼房建筑平面长 11.2m,宽 7m,层高 3m,建筑面积 158.8m²,可供 7 人居住,人均 22.7m²,能够满足农村人均 20~30m² 的住房使用标准。

该楼房的特点是,建筑面积相对较小,平面功能齐全,厨房、餐厅围绕厅堂设置布置紧凑,每个卧室相对独立体现出动静分离,卫生间内将洗浴单独设置保证了干湿分离,所有的卧室和起居室朝南,阳光充足暖和明亮。一层是家庭活动、做饭就餐的地方,并设一间卧室方便老人居住;二层起居室可供家庭文化活动,2 个卧室一间为大人房,一间为小孩房,并设有卫生间方便使用;一、二层之间有电梯和楼梯相连,交通便捷,特别适合行动不便的人上下;在入口的上面设置阳光房,供住户茶余饭后休憩、颐养、沐浴阳光。该平面充分吸收了现代洋房及别墅的设计理念,实现了村民虽居住在农村,但也能享受到目前最先进的生活理念和现代化居住设施。

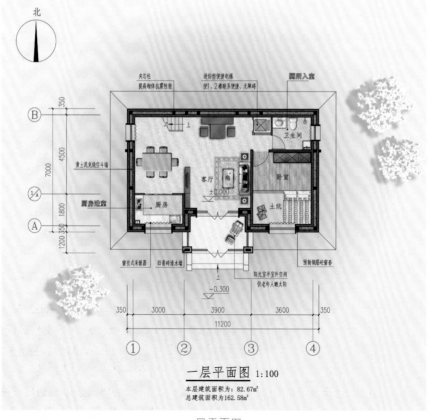

一层平面图

2. 节能分析

该二层楼具备单层房子的 7 个节能特点,其中体形系数比单层的更小,因此更加节能。

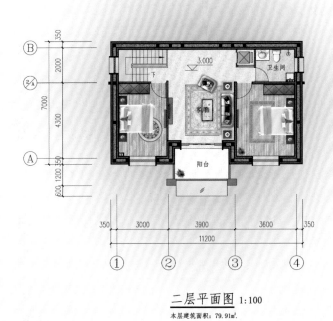

二层平面图 1:100

本层建筑面积: 79.91m²

二层平面图

3. 立面效果图

4. 结构特点

该房屋仍然沿用混合结构,其地震水平力主要由墙体承担。房屋的墙体为黄土泥秸秆树脂免烧砖复合墙,在墙体转角处、内外墙交接处、门窗两侧墙体的空斗内,设置后浇的钢筋混凝土夹芯柱,其柱与墙体每隔 8 皮砖均铺设一层玻纤网进行拉结。

本案例通过中国建研院 PKPM 软件进行了抗震验算,房屋的复合墙体抗震性能较好,能够抵抗地震烈度 8 度 0.3g 加速度的地震水平荷载。其结构抗震墙分布均匀,结构抗震受力清晰,在平面上除了外墙作为受力墙外,专设两道 300mm 的短肢内横墙提高抗震能力,横墙端部加构造柱以增加墙体的整体性。

二层楼板和屋面楼板用现浇混凝土楼板或者装配式钢筋桁架复合楼板,增加房屋的整体抗震性能。利用复合墙体作为抗震构件,充分挖掘了低层建筑中砌体结构的抗震潜能,复合墙体既是围护结构又是抗震构件。从而,避免了因单独设置框架结构,或者剪力墙结构,或者钢结构抗震构件所产生的比例较大的投资,明显降低了房屋造价。该混合结构型

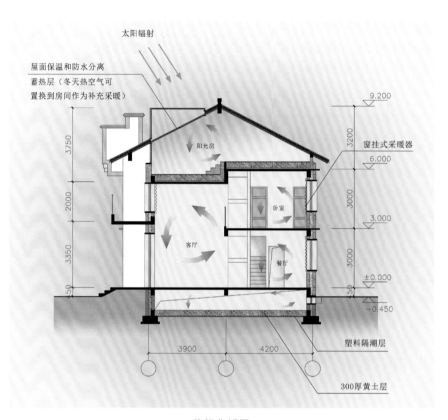

太阳辐射

屋面保温和防水分离
蓄热层（冬天热空气可
置换到房间作为补充采暖）

9.200

窗挂式采暖器

阳光房

6.000

卧室

3.000

客厅

餐厅

±0.000

−0.450

塑料隔潮层

300厚黄土层

节能分析图

立面效果图

式的推广,为新农村建设减少投资压力,可节省数量可观的投资,不仅给农民建房带来了福音,也提高了房屋的使用品质和安全性能。

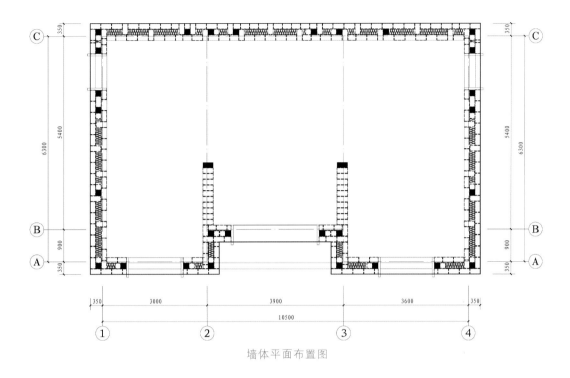

墙体平面布置图

第五节　黄土泥秸秆树脂系列材料

黄土泥秸秆树脂材料是利用黄土地区随处可见的黄土和秸秆为主要原材料,内加玻璃纤维网格布、树脂乳胶,外涂纳米防水基而成;用该材料制作的系列建筑材料,不但节材、节能,而且其物理性能均优于目前常规建筑材料。

一、生态砖

黄土泥秸秆树脂免烧生态砖,其尺寸与黏土烧结砖相当,各项物理指标均优于黏土烧结砖,不用煤、电煅烧,可自然降解,对环境不产生污染,契合当前我国严格的节能、环保政策,是建筑材料上划时代的革命。

1. 制作过程

(1)制作坯泥,将黄土、秸秆加一定的添加剂,依照机制砖的制泥工艺,进行充分搅拌,然后静卧一段时间,形成和易性较好的坯泥。

(2)制作素坯,在水平模具内先铺垫一层玻璃纤维网格布,填进去能够压成1/3砖厚的坯泥,其上再铺一层玻璃纤维网格布进行挤压。这样的工序连续进行三次,砖坯便制作完成。

(3)进行蒸汽养护,待素坯干透后,表面喷涂不同颜色的树脂。

2. 使用方法

(1)内墙可用泡沫胶砌筑,墙厚为150mm的单砖清水墙,其表面不再粉刷,可节约人工和材料,其强度可满足高烈度抗震要求,内墙表面有很好的装饰作用。

(2)外墙可砌成空心墙,内皮、外皮各为150mm的单砖墙,墙的砌筑方式为两顺一丁,其中内外皮通用一丁砖连接,170mm的空腔内密填经防腐处理过的粗径秸秆,形成强度、保温、隔音、防火性能较好的470mm的复合清水墙。

3. 产品规格

尺寸300mm×150mm×75mm,抗压强度可达到12MPa,蓄热、隔音、防水等综合指标均优于机制黏土红砖。

二、粉刷材料

1. 制作过程

黄土、秸秆按体积比为6∶4比例再加3%添加剂的水搅拌,静卧一段时间,目的是消除黄土的湿陷性及增强材料的和易性,然后可上墙刮抹。秸秆采用小麦秆、胡麻秆、麦衣和草茎等,制作成30mm左右的草节。在黄土地区普遍生产小麦,因此小麦秆是粉刷材料的主要材料之一。添加剂为液体树脂、水泥、石灰、料礓石以及糯米汁等。在这几种添加剂中主要以树脂为主,因树脂比例较低,对粉刷材料的成本增加不多。

2. 使用范围和方法

该材料对基层的要求不高，普遍适用于土坯墙、砖墙、石墙、混凝土墙，特别适用于我们所发明的生态砖墙，黄土之间结合是最好的。在施工时先铺一层玻纤网，然后粉刷一道10mm 的粉刷材料，其上再铺一层玻纤网，再粉刷 10mm 的粉刷材料，其上再铺一层玻纤网，最后粉刷 5mm 麦衣黄土泥，作为墙的表面。玻璃纤维网格布是由经纬间距为 4mm×4mm，宽度 0.8mm 的玻璃纤维织成。

在粉刷材料干透后，表面喷涂一层透明树脂乳液，这样既不改变黄土材料本色的情况下，又增加了墙体的防水性能和耐久性，解决了原来材料受雨水冲刷而造成的破坏。

三、屋面保温材料

其原料和制作方法与生态砖和粉刷材料大体相同，其不同之处在于黄土、秸秆按体积比为 3∶7，尺寸为 300mm×300mm×150mm，保温比粉刷材料更好。其综合性能优于传统保温材料。

第六节　绿色低层迷你型便捷电梯

　　绿色低层迷你型便捷电梯是我院绿色农宅研究所开发的一款高性价比的产品。该产品发明的主要理念是一台能够垂直行走的"有轨电瓶车",即车轮为齿轮,轨道为齿条。同时,为了节省能耗和运行稳定,特设了一块和轿厢自重相当的配重。该产品采用太阳能光伏板给电瓶充电,可节约运营成本,减少用户负担。该产品是一款节能环保、结构精巧、性能稳定、安全可靠、便于维护、经济适用的迷你型家电产品。

一、技术指标

　　该产品由动力厢、载人轿厢、轨道立柱、平衡锤和控制系统等五部分组成。

1．动力厢

　　动力厢为一矩形箱体,将动力设备集成在其内,相当于轿车的车头,设计在载人轿厢顶部,其外形尺寸长、宽、高分别为 $800mm \times 800mm \times 300mm$。该动力厢内由直流电动机、减速器、传动轴、齿轮、电瓶组成。

　　(1) 直流电动机:型号为 130ZYT,其功率 1.2kW,转速 14r/min,额定电压 48V,数量 1 台。

　　(2) 减速器:其型号为 130PX—100∶1,减速比 100∶1,数量 1 台。

　　(3) 传动轴:长度为 860mm,直径为 35mm。

　　(4) 齿轮:齿轮的模数为 3,中径为 85mm,数量 2 个。

　　(5) 电瓶:由 5 块单体电池组成,每块电池型号为 6-DEM-20,额定电压为 12V,额定容量为 20Ah。动力系统用 4 块串联的电池提供动力,总容量为 80Ah,1 节独立用于控制系统。

　　(6) 运行速度:0.5m/s,适合于老年人及身体不好的人(体弱者、行动不便)缓慢升降。

2．载人轿厢

　　载人轿厢如一倒置的方凳,其外形尺寸与动力厢相同,长、宽为 $800mm \times 800mm$,高为 2250mm。由载人台板、减震吊柱、有机玻璃围板及厢门、厢底弹簧等四部分组成。

　　(1) 载人台板:台板的骨架由 L45 的角钢焊接而成,台板面及四周铺贴不锈钢板,台板下四周挂 100mm 高的橡胶围帘。轿厢台板设计在高出出发地面 150mm。

　　(2) 减震吊柱:减震吊柱自上而下,由上套筒、弹簧、吊杆、下套筒组成。

　　上套筒的上端分别固定在动力厢底的四个角部,下端与其内的减震弹簧下端固定,其高度为 450mm、外径为 60mm、壁厚为 1.5mm 的不锈钢管。

　　弹簧直径为 50mm,长度为 300mm,簧筋直径为 10mm,其伸缩量为 ±100mm,弹簧设置在上套筒内,在套筒下端与下套筒固接。

　　吊杆为 $\phi 20$ 的钢筋,长度为 1.86m,下端焊在轿厢的台板,上端在弹簧顶部连接;下套筒套在吊杆外侧,下端与轿厢台板固接,上端套在上套筒外侧,其高度为 1.9m。这样,轿厢通过弹簧悬挂在动力厢下,可以增强乘客的舒适度。

（3）有机玻璃围板及轿厢门:有机玻璃围板设置在轿厢的两侧及背面,安装在下套筒之间,和下套筒同高,玻璃厚度为 5mm。轿厢门设置在轿厢的正面,安装在上下轨道上,为有机玻璃推拉门,每扇为 1/4 圆弧,玻璃厚度为 5mm。

（4）厢底弹簧:轿厢台板下的四角,设 4 个缓冲弹簧,弹簧直径为 200mm,高度为 100mm,簧筋直径为 10mm。

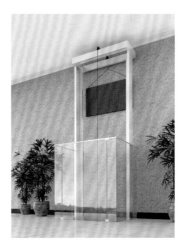

迷你型便捷电梯效果图

3. 轨道立柱

每根轨道立柱都由 2 根槽钢相焊而成,腹板高度为 100mm,翼板宽度为 50mm。槽钢连接形式为翼背相连,其中一根槽钢的背部固定轨道齿条,轨道立柱的高度为建筑层高的一层(二层)再加高 2.6m。在两轨道立柱上设置底端横梁、顶端横梁及楼层横梁,材料同样为Ϲ10 槽钢焊接在立柱上。底端横梁在立柱的柱脚,落到地面上,用来支撑整个设备;顶端横梁作为立柱的拉结件,并在其上焊接用于安放平衡锤的转向滑轮;楼层横梁加强立柱的侧向刚性,并在此处与楼层实施焊接。

4. 平衡锤

平衡锤采用灰口铸铁铸造,尺寸为 600mm×600mm×100mm,重量约 300kg。平衡锤的上部设两个吊环,用于连接缆绳。平衡锤下部的两侧设两组滑轮,与轨道立柱交接,上下滑动,限制平衡锤前后、左右晃动。

5. 控制系统

控制系统由配电箱、有线开关按钮、遥控板组成。配电箱安装在动力厢里面,有线开关按钮安装在扶手位置,遥控板每层在方便的位置放置一个。有线开关和遥控开关上至少有 5 个按钮,分别为升、停、降、安全报警及照明按钮,实现有线与无线双控制操作,并且设置蓄电池的电量显示标志及电量不足时的提醒装置。

二、产品的特点

（1）该产品相比传统客梯不需设置电梯基坑以及电梯机房。占地面积约 $1m^2$,节约成本和建筑面积,也避免了后装电梯引发的大拆大挖。使电梯普遍化,等同于在家中购置了一台垂直运行的家用电器。

(2)该设备结构简单,经济实惠,制造成本不高于 3000 元,因成本较低益于推广普及,安装周期很短(最多一周)。

(3)该电梯采用齿轮式(升降)移动,运行平稳,像电瓶车一样基本没有噪声,不影响室内的环境,容易被客户接受。

(4)该电梯利用太阳能光伏板直接充电。充满电后,在载荷 200kg 的情况下能运行100 余次,可在空闲时随时补充充电。利用了太阳的光照时间充电,解决了光伏板所产生的电并网难的问题,从而扩展了光伏板这种绿色能源的应用,也减轻了电梯用户的运行负担。

(5)该电梯适用于 2～3 层的农宅、别墅、跃层以及夹层等,应用范围广泛,市场潜力较大,可成规模进行生产。

(6)该电梯的安装位置对建筑的要求不高,可随处安装。安装的位置灵活,在室内位置方便确定,在室外可贴阳台、贴外墙安置。电梯构件简单,造型美观,故障率低,保养维修简单,使用方便,安全性能可靠。

(7)该电梯控制系统完善,由有线和无线两套操作系统,可实现无人升降,方便于行动不便者使用,或者主人操控使用。

(8)该电梯与轿厢动力系统之间,同汽车一样设计为悬挂装置,有效地缓解了启动和降落时的超、失重感,提高了运行的舒适度。该电梯安全措施得当,有双重安全保障,如遇动力丧失时,也设置了手动降落装置。是一款让人放心使用的产品。

三、电梯实景图

迷你型便捷电梯实景图

第四章

绿色农宅结构

本章主要讲述了几种新的建筑结构,由此引出了在建筑方面的一些技术革新措施,希望会在今后的建筑上发挥重要作用。

传统农宅建筑大部分为土木结构,木结构抗震性能较好,土坯墙的抗震性能较差。特别是单坡屋面后墙较高,不利于房屋的抗震,在地震时容易倒塌。为此,在三号绿色农宅建设中,使用了六种抗震性能较好的结构形式,分别是:砖混结构、现浇框架结构、现浇短肢剪力墙结构、型钢结构、装配式短肢剪力墙结构及装配式异型柱根铰接框架结构。在第一节中介绍了前4种,在第二、第三节分别介绍了后两种。第四节介绍了装配式钢筋混凝土结构剪力墙、柱马牙槎连接技术;第五节说明了一种新的结构形式,即装配式钢板混凝土柱及钢板桁架梁框架结构,承接第五节内容,第六节就钢筋混凝土框架结构、型钢框架结构与这种新型结构做了经济分析比较,其优势是非常明显的。第七节为黄土泥免烧砖墙体稳定性研究,第八节讲述了湿陷性黄土地基处理方法。从第四节到第八节为创新内容,是本书的亮点。

第一节　三号楼结构备选方案分析

一、砖混结构

该楼房结构型式可采用传统砖混结构,该结构地震时产生的水平剪力由内墙、外墙来承担。

外墙墙体采用500mm的黄土泥秸秆树脂免烧生态砖＋KP1黏土砖空斗夹芯复合墙体,内侧砌120mm的KP1砖砌体,外侧为120mm的免烧生态砖砌体,每隔2皮顺砖均砌筑1丁砖,使内外皮互相拉结,中间空腔内填充经防腐处理的秸秆。

内墙采用240mm的KP1砖墙体。

为了提高房屋的整体性,在外墙的转角处和内外墙交接处的外墙空腔内,设置260mm×260mm的构造柱,配筋主筋为4Φ12、箍筋为Φ6@200,构造柱从基础内生根。外墙在楼层和屋面处,设置380mm×180mm的圈梁,其配筋主筋为4Φ12、箍筋为Φ6@200,用以确保结构的整体性。

楼面及屋面梁板采用现浇钢筋混凝土结构,其活荷载均取 $2.0 \mathrm{kN/m^2}$。本工程屋面荷载除了楼板自重外,较重的是平屋顶上的 300mm 的黄土泥秸秆树脂保温层的荷载,以及斜屋面上所铺设的回收再利用的传统旧瓦的荷载。

该楼按照 8 度 0.3g 抗震设防,2 层结构,结构高度 6m,高宽比 0.82,场地类别为 Ⅱ 类,设计地震分组第二组,抗震设防类别丙级。

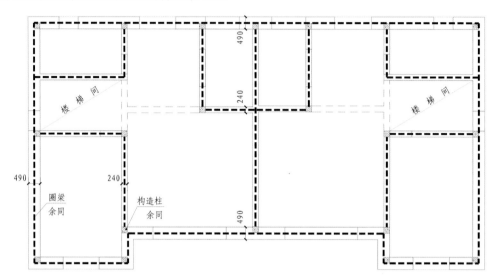

结构平面布置图

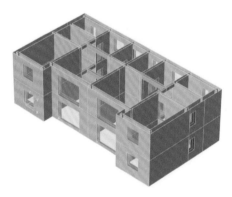

砖混结构模型轴侧图

该结构刚性较大,所吸收的地震力较多。砌筑墙体所用的 KP1 砖和黏土砖一样,通过进窑煅烧,浪费能源,污染环境。其优点是施工工序最少,技术难度不高,用钢量最少,工期短,造价最低。

按照天水地区的 2018 年定额计算得知,该结构形式结构部分造价为 800 元/m²。

二、现浇框架结构

现浇框架结构是由楼层和屋面处的墙上设梁和外墙转角处及内外墙交接处设柱构成的框架结构体系,可承担地震时所产生的地震力。其外墙及内墙都按隔墙对待。

外墙墙体采用 500mm 的黄土泥秸秆树脂免烧生态砖砌筑的空斗夹芯复合墙体,内、外

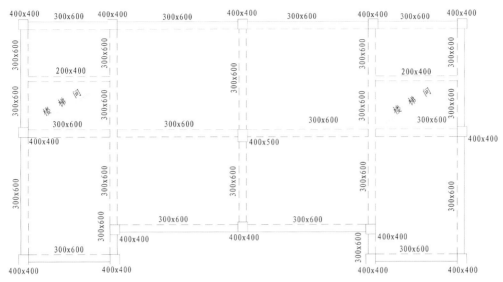

结构平面布置图

侧均为150mm的免烧生态砖砌体,并每隔2皮顺砖砌筑1丁砖,使内外皮互相拉结,中间空腔内填充经防腐处理的秸秆。

内墙采用150mm的黄土泥秸秆树脂免烧生态砖砌筑的单砖墙体。

为了提高房屋的整体性,砌筑墙体时,每隔8皮砖均铺设一层玻纤网,玻纤网并与柱子粘接。本工程建议采用先砌墙后浇梁的施工方法,既节省了模板,又提高了墙体的整体性。

楼面及屋面梁板采用现浇钢筋混凝土结构,其活荷载均取 $2.0kN/m^2$。本工程屋面荷载除了楼板自重外,较重的是平屋顶上的300mm黄土泥秸秆树脂保温层的荷载,以及斜屋面上所铺设的回收再利用的传统旧瓦的荷载。

该楼房按照8度0.3g抗震设防,2层结构,结构高度6m,高宽比0.82,场地类别Ⅱ类,设计地震分组第二组,抗震设防类别丙级。

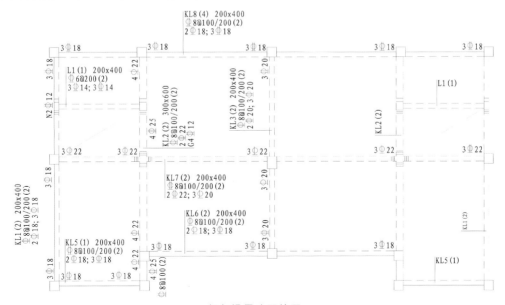

框架梁平法配筋图

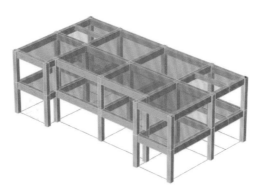

框架结构模型轴侧图

该结构受力明确,梁、柱节点简单,受力性能较好,通过结构软件计算可以选用较合理的梁柱尺寸,使结构的抗震性能最优,造价较低。其缺点是100%的在现场现浇,所用模板用量大,加之商品混凝土在农村不能到位,需现场搅拌混凝土,造成人工用量多、施工工期长,并且浪费材料,污染环境。

按照天水地区的2018年定额计算得知,该结构形式结构部分造价为1000元/m²。

三、现浇短肢剪力墙结构

现浇短肢剪力墙结构是由楼层和屋面处的墙上设梁和外墙转角处及内外墙交接处设柱构成的短肢剪力墙结构体系,可承担地震时所产生的地震力。其外墙及内墙都按隔墙对待。

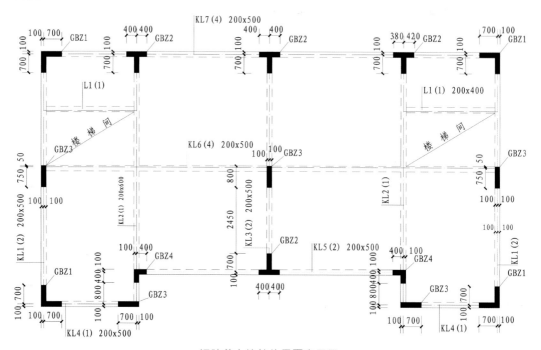

短肢剪力墙结构平面布置图

现浇短肢剪力墙模型轴侧图

该结构形式内的外墙、内墙所用材料及构造,屋面做法,楼面屋面活荷载取值同框架结构。其所有的结构均在现场现浇完成。

该楼按照 8 度 0.3g 抗震设防,2 层结构,结构高度 6m,高宽比 0.82,场地类别Ⅱ类,设计地震分组第二组,抗震设防类别丙级。

相比框架结构该结构在房子的角部不会出现柱子,同时将 200mm 的短肢剪力墙设置在 500mm 外墙的内侧,可防止冷桥出现。但其缺点为刚度较大,吸收地震力较多,造价略高于框架结构。其他优缺点同框架结构。

按照天水地区的 2018 年定额计算得知,该结构形式结构部分造价为 1100 元/m²。

四、型钢结构

型钢结构是由楼层的型钢梁和楼房转角处及内外墙交接处的型钢柱构成结构体系,可承担地震时所产生的地震力,其外墙及内墙都按隔墙对待。

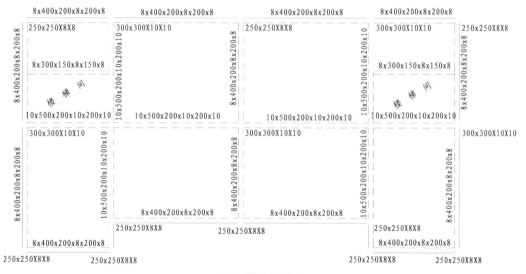

结构平面布置图

该结构形式的外墙、内墙所用材料及构造,屋面做法,楼面屋面活荷载取值同框架结构。其所有的结构均在现场安装完成。

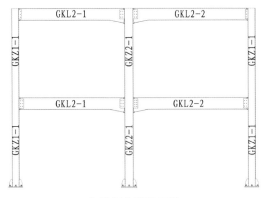

典型榀立面示意图

该楼房按照 8 度 0.3g 抗震设防,2 层结构,结构高度 6m,场地类别 Ⅱ 类,设计地震分组第二组,抗震设防类别丙级。

相较于上述其他结构,钢结构具有重量轻、施工安装速度快、环保效果好、建筑造型灵活多变、冬季亦不影响其安装施工、符合住宅产业化和可持续发展的要求等优点。其缺点为造价高,后期维护费用较大,防火性能较差,房屋刚度差、变形大,在室内装修上型钢与墙体的连接部很难处理。

在三号楼中,我们也尝试推荐此结构方案。框架柱采用箱型截面钢柱,框架梁采用工字型截面钢梁,楼板采用钢筋桁架楼承板,结构外围护墙及隔墙均采用免烧黏土砖砌筑。无论从国家层面,还是地方政府层面均对钢结构有良好的印象,并积极响应国家政策,大力推广钢结构建筑的发展,钢结构作为绿色农宅三号楼的结构型式,不失为一种很好的选择。但编者认为,大量的使用钢材是更破坏环境、更耗能的做法。

按照天水地区的 2018 年定额计算得知,该结构形式结构部分造价为 1500 元/m²。

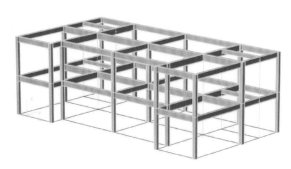

钢框架结构模型轴侧图

综上所述,以上 4 种结构型式都能很好地满足三号楼的结构要求,所推荐的几种结构型式均是绿色结构。其结构体系安全可靠,满足不同"小震不坏、中震可修、大震不倒"的国家规范要求。相比传统的农宅结构,有很好的节能、节地、节水、节材的绿色特点。

实际建造时选择了装配式短肢剪力墙结构(PC)作为三号楼的结构体系,并完成了建造。该房屋成为天水地区第一栋 PC 建筑,使得 PC 建筑在本地区的推广上,起到了示范和宣传的作用;也为相关人员就近了解 PC 建筑提供了便利。

第二节　装配式短肢剪力墙结构

三号院的主楼结构选用了装配式钢筋混凝土短肢剪力墙结构,是一栋别墅型的示范性农宅,总建筑面积 537.85m²,层数为 2 层,层高均为 3.0m,结构高度为 6m,一层地面设现浇钢筋混凝土楼板,楼板局部有错层。

装配式钢筋混凝土建筑是目前国家推广的建筑技术,其特征是:梁、柱、剪力墙、楼板、楼梯及阳台通过工厂预制,现场组装。与传统建造方式相比,装配式建筑具有建设工期短、工程质量稳定、节能环保、安全性能好等优势。装配式的建筑使现场原始现浇作业极少,施工周期可缩短 50% 以上,产生的垃圾、损耗、耗能也可减少 50% 以上。

三号楼为两层装配式短肢剪力墙结构,屋面为坡屋面。预制构件:短肢剪力墙、梁、楼梯、楼板、阳台等,预制率达 90% 以上。本工程按照抗震设防烈度 8 度设计,其地震加速度 0.3g,特征周期 0.40s,设计地震分组第二组,建筑场地类别为 Ⅱ 类。

一、结构体系

1. 基础部分

该房屋采用钢筋混凝土条形带肋基础,基础宽 1300mm,并带有宽 500mm、高 600mm 的肋梁。地面处设一层现浇钢筋混凝土楼板。一层地面以下的短肢剪力墙现浇,其主筋生根于肋梁中,主筋上端伸出一层现浇板面 130mm,该主筋就是预制短肢剪力墙构件的下部钢套筒的连接筋。

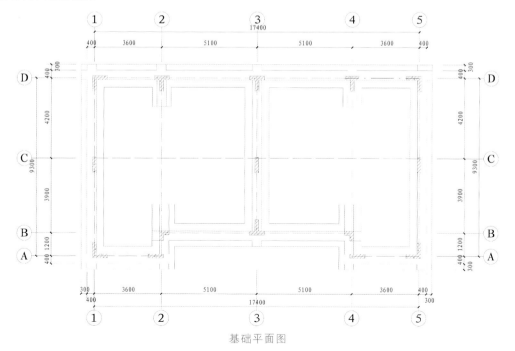

基础平面图

2. 内外墙体

该房屋的施工程序是先立短肢剪力墙,再砌筑墙体、架(浇)梁,最后整浇。这样,既减少了梁下的模板,也提高了房屋结构的整体性。在±0.00处(即一层地面)设一层楼板,其作用一是防潮,二是下面空间可以做一个地窖,三是在其下固定管道,省去地沟。一层地面以下是500mm的轻质水泥砖空斗夹芯墙,一层地面以上为500mm的黄土泥秸秆树脂免烧生态砖砌筑的空斗夹芯墙。门窗设置预制钢筋混凝土边框,此边框既加强了墙体整体性,又代替了门窗过梁。

3. 结构体系

该房屋结构由短肢剪力墙和梁组成结构体系,在结构计算时按照剪力墙结构计算,其梁都视为连梁。

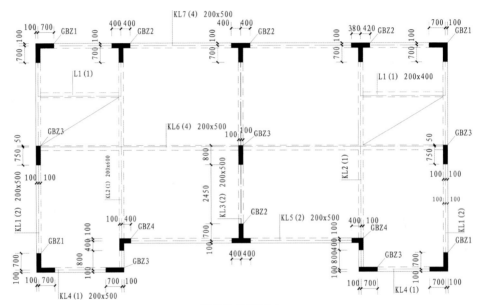

楼层结构平面图

现浇短肢剪力墙模型轴侧图

二、预制构件类型

该房屋的预制结构构件的种类有:预制短肢剪力墙、预制叠合梁、预制叠合板、预制楼梯、预制窗套、预制楼层挑板等构件。

1. 预制短肢剪力墙

　　预制短肢剪力墙,其主筋的下端设有一个与主筋用丝扣连接的套筒。主筋高出上层楼面130mm,是锚固连接上层短肢剪力墙的最短尺寸。在工厂预制时短肢剪力墙下端浇筑混凝土,上端留出一部分不浇混凝土,其高度至少是与短肢剪力墙相交的较高梁的高度。未浇混凝土的梁高部分,待梁、板安装就位后整体浇筑。预制构件的表面需预埋吊装时的吊环和安装时斜支撑的扣件。该楼房中,我们将全楼15个竖向受力构件归并为4种断面类型。为了防止冷桥,所有短肢剪力墙均在靠外墙内侧设置。

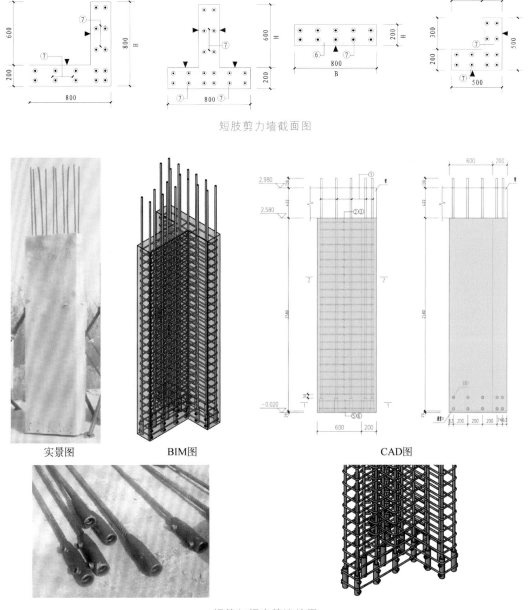

短肢剪力墙截面图

实景图　　　　BIM图　　　　　　CAD图

钢筋与钢套筒连接图

2. 预制叠合梁

预制构件中的梁,也叫叠合梁,其主筋和箍筋一次绑扎完成,两端伸入短肢剪力墙内的主筋长度满足抗震锚固要求。在工厂预制此构件时,预制叠合梁的两端与短肢剪力墙相交部分,上端叠合梁与楼板相交部分,不浇筑混凝土。未浇混凝土部分,待梁、板安装就位后整体浇筑。

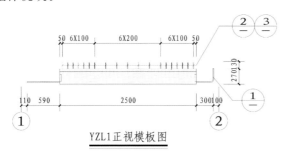

YZL1正视模板图

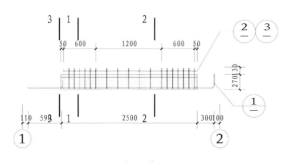

YZL1正视配筋图

CAD 叠合梁图

叠合梁实景图

3. 预制叠合板

预制构件中的楼板,也叫叠合板。其主筋在点焊机内制成钢筋桁架,两端伸入梁内的主筋长度满足抗震锚固要求。在工厂预制时,预制叠合板的两端与梁相交部分,板的两侧留有相互连接或与梁连接的胡子筋,板的上边一部分不浇混凝土,板的下边仅浇 60mm 的混凝土。未浇筑混凝土的部分,待梁、板安装就位后整体浇筑。

4. 预制楼梯

预制构件中的楼梯、梯段和平台板整体预制。两端直接支到两端梁的预制挑耳上,并在端部和挑耳的对应位置留有销孔,待楼梯安装到位后,插入销件连接。因为该楼梯表面在工厂内加工比较精致,按照国外的做法楼梯不做粉刷,空隙也不做填料处理。

三、立柱及套筒灌浆

在装配式钢筋混凝土建筑中,柱或剪力墙下部的连接最为关键,目前主要采用钢套筒注浆法连接。柱或剪力墙构件预制时,其纵向主筋在下端设置钢套筒,每个钢套筒在上端与主筋用丝扣连接。安装时,其下部对应构件的预留主筋,分别向上插入套筒内,然后在套筒下部的注浆孔注入高强混凝土浆料,浆料溢出上孔和预制构件下端预留的缝隙时,视为浆料灌满,满足质量要求。

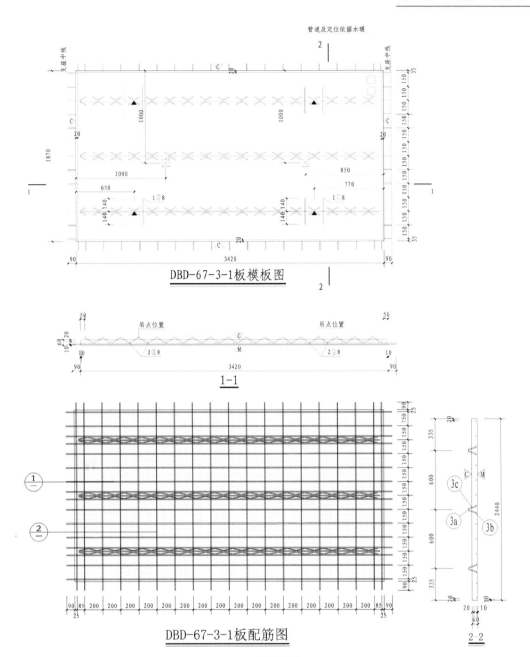

DBD-67-3-1板模板图

1-1

DBD-67-3-1板配筋图

2-2

CAD 叠合板图

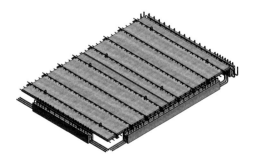

BIM 叠合梁、板图

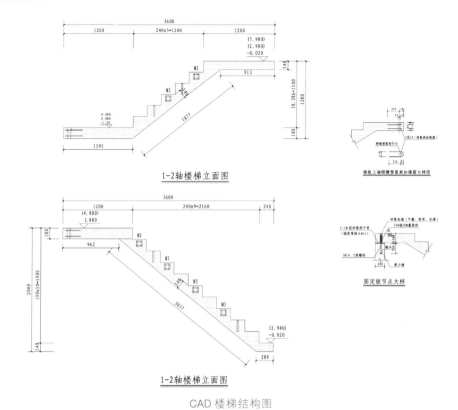

1-2轴楼梯立面图

梯板上端镶嵌预留斜加强筋大样图

1-2轴楼梯立面图

固定铰节点大样

CAD 楼梯结构图

梯段预制构件实物图

BIM 梯段结构图

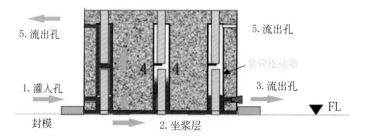

套筒灌浆示意图

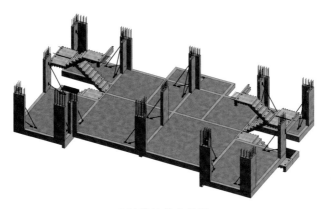

BIM 表达的立柱图

立柱现场图

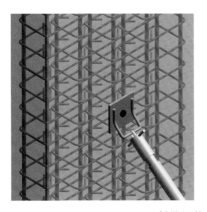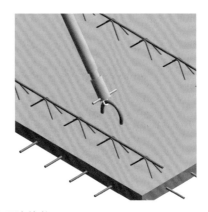

斜撑杆的上下连接件

支撑柱子的斜撑杆

四、楼层预制构件的安装

三号楼二层及楼顶的梁、楼板、楼梯和阳台,均采用预制钢筋混凝土构件。预制构件中,部分混凝土在工厂内制作完成,剩余部分的混凝土在现场一起整体浇筑。

一层短肢剪力墙安装就位,套筒内灌浆达到一定强度后,可架设二层的叠合梁、叠合板、楼梯等预制构件。叠合梁安装时,其两端未浇筑混凝土部分的主筋,插入短肢剪力墙上部预留整浇混凝土部分内;叠合板安装时,两端伸出的桁架型钢筋或一侧的胡子筋,伸入叠合梁上部预留现浇混凝土部分内,两侧伸出的胡子筋互相焊接,形成一定宽度的后浇带;预制楼梯安装时,直接将预制楼梯架设到两端梯梁的挑耳上,并且与梯梁通过预留的销孔插入销键进行连接。

架设叠合梁、叠合板、预制楼梯等所有的楼面预制构件完成后,包括短肢剪力墙在内,将其上部未完成浇筑的部分混凝土,在现场二次整体浇筑,这样使所有的预制构件连接在一起,形成一个整体结构。

待二层楼面施工完成后,可依以上工序,即在楼面上立短肢剪力墙、灌浆、架设叠合梁、叠合板、预制楼梯,现场二次整体浇筑混凝土,完成楼顶结构的施工。

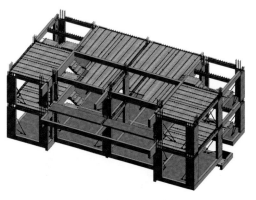

BIM表达的整体结构安装图

五、BIM 应用

该楼的施工图纸,是采用 BIM 软件设计的。特别是该楼的结构构件部分,是 BIM 技术首次在装配式建筑结构构件上的具体应用。BIM 技术不但能够设计计算出这些钢筋混凝土构件的尺寸和配筋,而且通过 BIM 指导工厂按工程进度进行构件预制,同时按照工期要求指导构件的运输和到达现场的时间。特别要强调的是,通过 BIM 技术指导结构构件的施工,比如进行短肢剪力墙的就位、灌浆顺序、楼面结构构件的安装及整体的浇筑,并在全程进行质量控制。同时,在楼房使用过程中,可以随时监测建筑构件的受力情况,特别是地震后楼房结构构件的破坏情况,及时提出楼房的安全性能。

应用 BIM 技术在结构构件拆分时,能够更加直观、可视,拆分时能够同时拆分到建筑、结构、水、暖、电各专业的设计内容,使拆分的构件能够综合考虑到各专业对构件的要求。因为利用 BIM 技术海量的数据化优势,打破了传统的预制构件中种类要统一尺寸、要规整的制约,可以根据不同建筑的特点"量体裁衣"拆分构件。

BIM 技术也可以对结构构件进行碰撞检查,主要检查内容:一是结构构件之间的碰撞检查;二是构件内钢筋设置合理性的检查;三是梁、柱节点处钢筋碰撞的检查。可对检查后的构件和钢筋进行调整,然后以 BIM 的形式直接传递给工厂。在工厂预制时,针对每个碰撞问题采取对应措施。这样可避免安装构件时,因碰撞问题造成的返工,节省工期,并可节约人力和物力。

六、PC 建筑的优势

1. 预制构件的混凝土总量

预制构件汇总表

类　型	型　号	数量	体积/m³
螺栓	LT-MD-01	12	0
螺栓汇总		12	0
斜撑汇总		18	0.01
	F1-B01-DBS-69-2015-42	7	1.35
	PCB08-DBS1-69-5414-11-F1	1	0.39
	PCB09-DBS1-69-5414-11-F1	1	0.49
预制楼板	PCB10-DBS1-69-5414-11-F1	1	0.39
	PCB11-DBS1-69-5414-11-F1	1	0.31
	PCB12-DBS1-69-5414-11-F1	1	0.31
	PCB13-DBS1-69-5414-11-F1	1	0.25
预制模板汇总		13	3.49
	LT-G30-01	1	2.46
预制楼梯	LT-G30-02	2	0.46
	LT-G30-03	1	0.15
预制楼梯汇总		4	2.46
	F1-B13-YXB	2	0.46
预制楼梯及梁	L-200X240-C30-10	1	0.15
	L-200X240-C30-11	1	0.15

续表

类　型	型　号	数量	体积/m³
预制楼梯及梁及汇总		4	0.76
预制墙	F1-PCYZQ-L-01	1	0.73
	F1-PCYZQ-L-06	1	0.74
	F1-PCYZQ-L-08	1	0.4
	F1-PCYZQ-R-04	1	0.41
	F1-PCYZQ-R-05	1	0.38
	F1-PCYZQ-R-07	1	0.39
	F1-PCYZQ-T-02	1	0.67
	F1-PCYZQ-T-03	1	0.71
预制墙及汇总		9	5.13
总计		60	11.85

2. PC 建筑的造价

预制构件占比分析表

类　型	数量	占比/%
预制楼板	13	43.33
预制楼梯	4	13.33
预制楼梯及梁	4	13.33
预制墙	9	30.00
总计	30	100.00

3. PC 建筑的优势

装配式建筑在欧美和日本已经广泛使用,已形成产业化、工业化的完善体系。装配式建筑将部分或所有构件在工厂预制完成,然后运到施工现场,进行钢筋混凝土构件的组装和浇筑。其特点是:

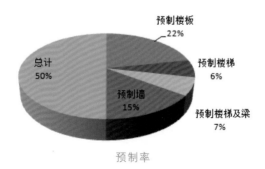

预制率

(1) 有利于提高施工质量

装配式构件是在工厂里预制的,能最大限度地提高结构构件的质量,并提高住宅整体安全等级、防火性和耐久性。

(2) 有利于加快工程进度

装配式建筑比传统建造方式的进度快 30% 左右。

（3）有利于文明施工、安全管理

传统作业现场需要大量的建筑工人进行操作，现在把大量的工地作业移到了工厂，现场只需留小部分工人就行，大大减少了现场安全事故的发生率。

（4）有利于环境保护、节约资源

现场原始现浇作业极少，使施工对周边环境干扰降到最低程度。此外，钢模板等重复利用率提高，垃圾、损耗、节能都能大幅减少。

第三节　装配式异型柱根铰接框架结构

一、引言

第二节所述的装配式短肢剪力墙结构的主要缺点是：安装短肢剪力墙时，用技术性比较高端的钢套筒灌浆连接，该技术要普遍用在农宅建筑上，一技难求、成本较大，难以在农村推广。同时，用于剪力墙固定连接的套筒浆料，灌浆饱满程度不能直观控制，只能依靠仪器检测，增加了装配式的施工难度，大大降低了人们对该结构的认可程度。另外，该装配式短肢剪力墙结构在低层建筑上，没用充分发挥该结构抵抗地震力的潜力，造成了结构浪费。为此，我们对该结构进行了改进，将短肢剪力墙的钢套筒取消，同时将短肢剪力墙按照异型柱对待，异型柱直接坐到就位处的坐浆上，假定该处为固定铰支座，在结构计算时按照铰接计算。

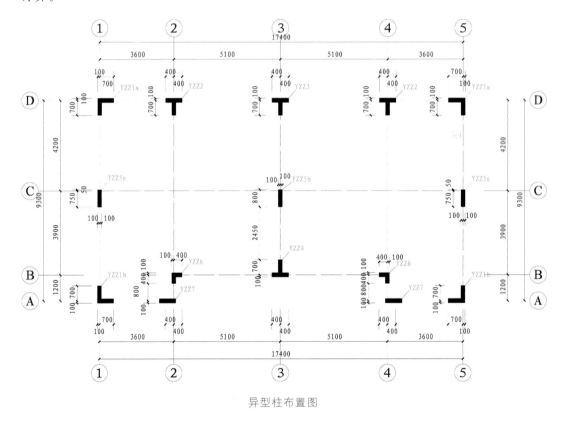

异型柱布置图

二、结构体系

本工程仍然依照第二节的结构型式，采用装配式钢筋混凝土异型柱作为竖向受力构件,梁作为水平受力构件,异型柱和梁在楼层和楼顶处固定连接,作为刚性节点,形成一个框架受力体系。异型柱根部与下部构件柔性连接,形成固定铰接的连接。本书所阐述的关键点为装配式异型柱无套筒铰接连接,区别于常规装配式结构必须在竖向构件连接位置设置预埋灌浆套筒的做法。

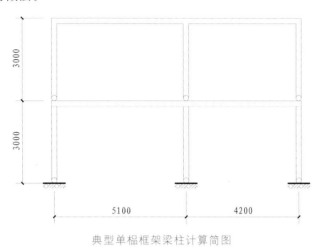

典型单榀框架梁柱计算简图

三、地震计算参数及软件

1. 地震计算参数

本工程地震设防烈度为 8 度,地震加速度值为 $0.3g$,设计地震分组为第二组,场地类别为Ⅱ类,嵌固楼层为一层地面顶,地面粗糙度为 B 类,施工模拟为第三类,墙柱抗震等级为二级。考虑双向地震作用,多遇地震水平地震影响系数最大值为 0.24,罕遇地震水平地震影响系数最大值为 1.20。

2. 结构所承载的荷载

(1)楼面荷载

静荷载:混凝土楼板按照混凝土荷载 $3.3kN/m^2$;活荷载 $2.0kN/m^2$。

(2)屋面荷载

平屋面:混凝土楼板按照混凝土荷载 $3.3kN/m^2$、屋面保温层按照土的荷载 $2.7kN/m^2$;活荷载 $2.0kN/m^2$。

斜屋面:钢筋桁架橡按照钢材容重 $78kN/m^2$,木板按照胶合五夹板 $0.034kN/m^2$、$18kN/m^2$、屋面瓦按照黏土平瓦 $0.55kN/m^2$;活荷载 $2.0kN/m^2$。

(3)外墙荷载:按照土坯砖容重 $16kN/m^2$。

(4)内墙荷载:按照土坯砖容重 $16kN/m^2$。

(5)基本风压:$0.35kN/m^2$。

3. 计算软件选择

计算软件采用两种:北京盈建科软件有限责任公司编制的盈建科结构计算模块 YJK 软件(1.8.3.0)和中国建筑科学研究院编制的 SATWE 软件(V3.1 版)。

四、结构设计关键点

1. 结构设计关键点

本设计的创新点是异型柱根部采用铰接连接,其主要亮点有如下几个方面:

(1)异型柱根部铰接连接,可避免套筒和灌浆的工序,大幅降低该部分连接的施工难度,从而降低施工成本、节省造价。

(2)由于剪力墙根部不用与下部节点固定连接,连接节点处构造变得简单,在工厂制作该预制构件时,取消了套筒连接纵筋的工序,从而降低制作成本、节省造价。

(3)异型柱根部铰接连接,可降低结构体系的刚度,减少结构对地震荷载的吸收,从而降低了异型柱及梁的配筋率,减少了钢筋用量,节省造价。

以上措施相比第二节的装配式异型柱结构,都能大大减少成本,从而降低低层建筑中装配式结构的造价,使得装配式结构在绿色农宅中易于推广和应用。

2. 抗震性能目标

为实现"小震不坏,中震可修,大震不倒"的三水准设防目标,根据结构构件重要程度的不同,确定结构和构件的抗震性能目标,其中,所有剪力墙墙柱为结构第一道受力防线,对结构的安全起决定性作用,定义其为关键构件,其余构件定义为一般构件。

结构和构件的抗震性能目标表

地震水准		小震	中震	大震
性能目标		A	B	C
抗震性能水准		1	2	4
结构层间位移角限值		1/550	1/200	1/50
一般构件	框架梁	无损坏(弹性)	轻微损坏	中度损坏
关键构件	剪力墙墙柱	无损坏(弹性)	轻微损坏	中度损坏

五、结构计算分析

1. 多遇地震下参数计算

(1)选用 SATWE 和 YJK 两种不同的结构计算软件,进行结构多遇地震作用下的计算,其 X 方向和 Y 方向的楼层受剪承载力和剪力比值,地震作用下的楼层最大位移、位移比及角位移。

SATWE 楼层受剪承载力、承载力比值

层号	塔号	X 方向		Y 方向	
		受剪承载力/kN	与上一层受剪承载力之比	受剪承载力/kN	与上一层受剪承载力之比
1	1	3766.35	1.68	4590.76	1.70
2	1	2239.81	1.30	2702.62	1.31
3	1	1723.16	1.00	2055.76	1.00

YJK 楼层受剪承载力、承载力比值

层号	塔号	X 方向		Y 方向	
		受剪承载力/kN	与上一层受剪承载力之比	受剪承载力/kN	与上一层受剪承载力之比
1	1	3755.66	1.32	4588.56	1.70
2	1	2243.57	1.28	2698.32	1.29
3	1	1722.33	1.00	2060.76	1.00

SATWE 地震作用下的楼层最大位移表位移信息

层号	塔号	X 方向层位移比	X 方向层间位移比	X 方向层间位移角	Y 方向层位移比	Y 方向层间位移比	Y 方向层间位移角
1	1	1.00	1.00	1/6613	1.00	1.00	1/7546
2	1	1.10	1.11	1/562	1.10	1.10	1/571
3	1	1.11	1.12	1/930	1.08	1.03	1/1275

YJK 地震作用下的楼层最大位移表位移信息

层号	塔号	X 方向层位移比	X 方向层间位移比	X 方向层间位移角	Y 方向层位移比	Y 方向层间位移比	Y 方向层间位移角
1	1	1.00	1.00	1/5532	1.00	1.00	1/7498
2	1	1.10	1.12	1/566	1.10	1.10	1/569
3	1	1.11	1.13	1/928	1.08	1.04	1/1301

从两种不同软件的计算结果对比可知,各项计算指标能够满足规范要求,结构体系具有良好的抗侧刚度,计算结果较为接近,结构体系合理。

（2）多遇地震弹性动力时程分析

选取五组天然波和两组人工波,采用 YJK 软件进行多遇地震弹性时程分析,其中主方向加速度的有效峰值按规范的峰值 110cm/s^2、次方向加速度的有效峰值按主方向峰值的 85% 输入,进行双向地震作用分析。

地震波选取

地震波组	地 震 波	主方向	最大峰值加速度	持续时间
1	Coyote Lake_NO_151,Tg(0.40)	X Y	110cm/s^2	
2	Chalfant Valley-02_NO_552,Tg(0.42)	X Y	110cm/s^2	
3	Dinar,Turkey_NO_1142,Tg(0.38)	X Y	110cm/s^2	
4	Chi-Chi,Taiwan-04_NO_2697,Tg(0.41)	X Y	110cm/s^2	整条波
5	Chi-Chi,Taiwan-02_NO_2204,Tg(0.42)	X Y	110cm/s^2	
6	ArtWave-RH4TG040,Tg(0.40)	X Y	110cm/s^2	
7	ArtWave-RH3TG040,Tg(0.40)	X Y	110cm/s^2	

由多遇地震弹性时程分析补充计算结果可知,每条时程曲线计算所得结构底部剪力不应小于振型分解反应谱法计算结果的 65%,多条时程曲线计算所得结构底部剪力的平均值不应小于振型分解反应谱法计算结果的 80%,时程分析结果略小于振型分解反应谱法的结果,计算结果以振型分解反应谱法的结果为准。

2. 设防地震作用

为保证结构在设防烈度地震下的性能目标,根据《高层建筑混凝土技术规程》JGJ3—2010,需进行构件在不同水准下的承载力验算,构件的地震作用效应采用等效弹性的方法计算。根据等效弹性方法计算的剪力墙根部地震反应和静力弹塑性方法计算的剪力墙根部地震反应对比,罕遇地震下等效弹性方法的剪力墙根部剪力大于罕遇地震下静力弹塑性计算的剪力墙根部剪力,说明等效弹性计算所采用的结构内力是偏于安全的。

性能设计的等效弹性地震剪力墙根部剪力

| | | 等效弹性法 | | 静力弹塑性推覆分析 | |
		X 方向	Y 方向	X 方向	Y 方向
基底剪力 /kN	设防烈度	2288	2241	—	—
	罕遇地震	4037	3955	1339	1785

由于铰接连接时,在连接位置,所有竖向主筋均集中到构件的中心位置,构件周边为素混凝土,下面着重验算设防地震作用下铰接连接位置处构件的抗拉验算。

设防地震作用下铰接连接位置处构件的抗拉验算

楼层	墙肢编号	组合墙肢总拉力/kN	组合墙肢截面积/mm²	σ_t/(N/mm²)	f_{tk}/(N/mm²)	地震方向
2	YZZ1	185	280000	0.66	1.43	X 向
2	YZZ2	2.3	280000	0.01	1.43	X 向
2	YZZ3	3.8	280000	0.01	1.43	X 向
2	YZZ4	152	280000	0.54	1.43	Y 向
2	YZZ5	2.7	280000	0.01	1.43	X 向
2	YZZ6	57.7	160000	0.36	1.43	Y 向
2	YZZ7	12.8	160000	0.08	1.43	Y 向
2	YZZ8	4.6	160000	0.03	1.43	Y 向
2	YZZ9	235	280000	0.84	1.43	X 向
2	YZZ10	155	160000	0.97	1.43	X 向
2	YZZ11	1.6	160000	0.01	1.43	X 向
2	YZZ12	143	280000	0.51	1.43	Y 向
2	YZZ13	100	160000	0.63	1.43	X 向
2	YZZ14	152	160000	0.95	1.43	Y 向
2	YZZ15	81	280000	0.29	1.43	Y 向

由计算结果可知,构件铰接连接处的拉应力均小于混凝土的轴心抗拉强度设计值,在设防地震作用下,构件铰接连接位置的抗拉满足规范规定,结构设计时可以不考虑抗拉设计。

3. 罕遇地震作用

为了验证结构在罕遇地震作用下的性能,采用 YJK 软件对结构进行罕遇地震作用下的静力推覆分析。从计算结果可知,该结构体系在罕遇地震作用下结构静力推覆满足规范规定的"大震不倒"的设防要求,且存在较多的富余量,即该结构可以抵抗罕遇地震作用。

另外,从罕遇地震作用下,主体结构构件的损伤程度:在 X 方向地震作用下,构件损伤位置均出现在一层异型柱根部位置,损伤程度均为轻微损伤;Y 方向地震作用下,构件损伤位置均出现在一层异型柱根部位置。绝大部分位置损伤程度为轻微损伤,局部位置为中等损伤,有两处位置高于中等损伤,但低于较重损伤。

由此可见,结构可以抵抗罕遇地震作用,在罕遇地震作用下不会发生倒塌,结构主体安全。由以上计算参数及计算结果可知,结构计算满足国家现行规范,在多遇地震、设防地震以及罕遇地震作用下结构均安全可靠。

六、铰接连接处的技术措施

下面将主要分析异型柱根部采用铰接连接的处理方法,如何实现铰接、铰接处竖向荷载的验算、铰接处水平剪力的处理、对该柱的施工安装要求、连接处坐浆的饱满程度等五个问题需要解决。

1. 铰接连接的实现

该结构属于所有剪力墙根部都是按照铰接假定计算,为使工程实际与计算假定相一致,连接构造必须满足铰接的要求。即铰接连接的水平和竖向方向不能有位移,但在地震荷载作用下该节点处能够转动。铰接连接采用混凝土销键的方式,由销键实现该处的铰接。

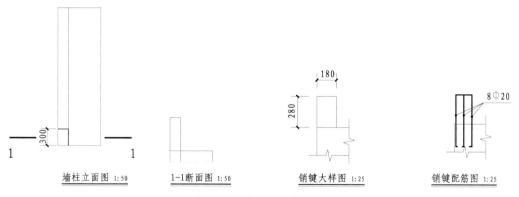

墙柱立面图 1:50　　1-1断面图 1:50　　销键大样图 1:25　　销键配筋图 1:25

墙柱根部铰接连接示意图

2. 铰接处竖向荷载的验算

通过以上对结构进行的多遇地震和罕遇地震的计算,结构竖向构件不会产生拉力,该铰接处虽没有竖向的约束,但在竖向不会产生位移。

3. 铰接处水平剪力的验算

通过以上对结构进行的多遇地震和罕遇地震的计算,最大柱的水平剪力为 251.1kN,

假定销键承担该水平剪力,通过验算可满足要求。

4. 对该柱的施工安装要求

所有柱子安装时,都在销键上及四周抹一层高强水泥砂浆,然后直接将柱子坐在其上,做好立柱支撑,待根部坐浆达到强度以后,上部可以安装叠合梁和叠合板,进行下一步工序。

5. 连接处坐浆的饱满程度

本结构关键中的关键就是坐浆的饱满程度,有待进一步研究其质量问题,完善其工艺,规范操作程序。

综上所述,装配式无套筒铰接连接异型柱结构计算满足现行结构规范规定,结构安全合理,较之传统装配式结构,由于节省了套筒的费用,且由于竖向构件底部铰接的连接构造上部结构配筋量减少,有效地降低了结构建造成本,较之传统装配式结构,施工难度小,对工人的操作要求低,与当前农村住宅建设工程中施工人员水平普遍低的现状相契合。可见该型式对农宅的装配式建设提供一种全新的解决方案,开辟了新的思路。

第四节 装配式钢筋混凝土结构剪力墙、柱马牙槎连接技术

装配式钢筋混凝土结构简称 PC,是我国目前大力推广的建筑技术。其特点是结构构件由工厂预制,运输到现场进行组装,全过程采用 BIM 技术进行控制。PC 构件有:梁、柱、剪力墙、叠合板、楼梯板、阳台板等。目前 PC 中,竖向构件的连接主要采用钢套筒灌浆连接,该连接一方面隐蔽性较强;另一方面受到专利保护,在推广应用方面受到一定的质疑和制约。

PC 竖向结构构件因为采用钢套筒连接,在抗震性能上受到一定的影响,依照国家规范要求,装配式钢筋混凝土结构在高烈度的天水地区(8 度 0.3g),相比现浇钢筋混凝土结构需降低 3 层设计,土地利用效益受到影响。因钢套筒灌浆的隐蔽性,其质量普遍受到社会各界的质疑,使 PC 建筑的推广受到较大的阻力。发明新的连接技术是当务之急,装配式钢筋混凝土结构剪力墙、柱马牙槎连接技术应运而生。其特点如下:

(1) 能替代目前装配式钢筋混凝土结构竖向预制构件连接中,普遍采用的钢套筒连接技术,从而解决了钢套筒连接普遍存在的诸多问题。

(2) 钢筋竖向连接等同现浇构件的质量,能够满足高烈度地区构件抗震对竖向钢筋连接的要求,不会降低抗震性能,结构设计可不降层。

(3) 相比钢套筒连接,马牙槎后浇混凝土施工简单,质量可靠。

(4) 构件预制时,先制作芯柱,芯柱即马牙槎的牙,然后与剪力墙钢筋绑扎,进行整体浇筑,减少因使用马牙槎而增加的模具类型,不会增加预制成本。

(5) 构件现场安装时,马牙槎部分的现浇混凝土,采用比预制构件高出一个强度等级的微膨胀高强度混凝土,这样消除了钢套筒灌浆料的神秘性。材料容易得到,同时对现场现浇技术的要求不高,降低了施工难度。

(6) 因马牙槎尺寸较大,在浇筑混凝土时,振捣棒的操作空间较大,浇筑混凝土的密实度和槎间混凝土的填充度好,容易满足混凝土的质量要求。

(7) 马牙槎连接部分,混凝土质量拆模后直观可见,回弹检测方便,质量可信度高,其根部强度与现浇钢筋混凝土没有差别。

相比钢套筒连接,该技术措施造价低,施工难度小,容易被相关各方接受,市场前景广阔,满足国家政策对装配式钢筋混凝土建筑的大力推广的要求。现对我们发明的装配式剪力墙马牙槎构造、装配式柱马牙槎构造、装配式空心柱马牙槎构造进行介绍。

一、装配式剪力墙马牙槎构造

在剪力墙结构中,我们拆分了一段宽为 3m,高度为一个层高的剪力墙,作为一个构件单元可分两部分:一是预制主体墙部分,二是马牙槎部分。

1. 主体墙的模板及配筋图

剪力墙内设纵横向主筋,一般间距为 150mm,直径为 φ16,绑扎成两片钢筋网,布置在墙内两侧。

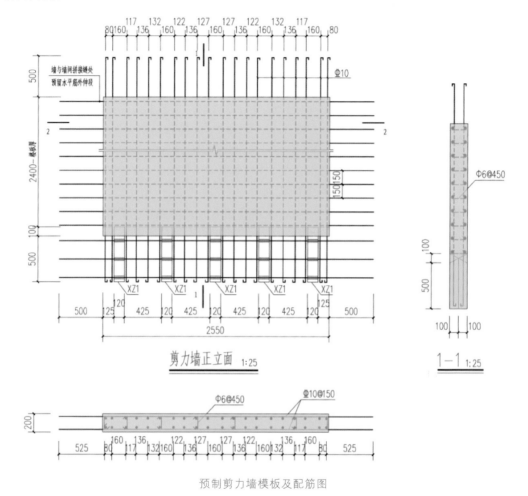

预制剪力墙模板及配筋图

墙板内的横向主筋两端伸出混凝土尺寸各 500mm,此部分作为后浇带的预留钢筋,在现场两墙搭接安装后进行浇筑;墙板内的纵向筋,其下部留出的长度与马牙槎的高度均为 500mm,上部留出的钢筋为楼板厚度+500mm。主筋分内外两个网片,用 φ6@450 的钢筋拉接。

在工厂浇筑主体墙混凝土时,先将预制好的马牙槎定位安装,与墙板内主筋绑扎在一起,然后在带有震动的浇筑平台上浇筑混凝土。在预制墙时,墙板内需先埋设用来吊装构件的吊环、用来现场安装构件的斜支撑扣件、预埋管线和线盒等。

2. 马牙槎模板及配筋图

从主体墙里可拆分出 5 个马牙槎,马牙槎因形状像马牙而得名。马牙槎在施工时用来支撑其墙体的作用,在形成墙体时起到现浇和预制混凝土之间的咬合作用。

马牙槎断面尺寸与墙交接处为矩形,在牙端部为菱形,高度为 500mm,内配有钢筋,用

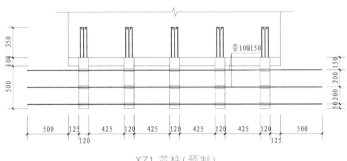

XZ1 芯柱(预制)

与墙同一强度等级的混凝土制作。

马牙槎内配有 4ϕ10 的主筋和 ϕ6@200 的箍筋,主筋伸出马牙槎上部 300mm,在浇墙板混凝土时锚入墙内,使马牙槎与墙形成整体。

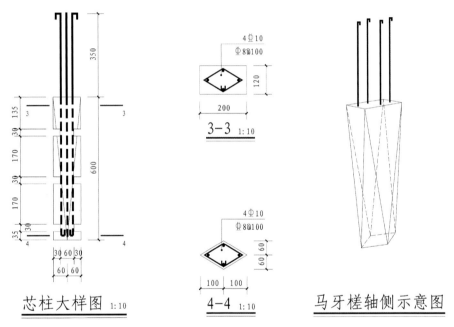

芯柱大样图 1:10 　 3-3 1:10 　 4-4 1:10 　 马牙槎轴侧示意图

马牙槎模板及配筋图

3. 施工现场马牙槎的浇筑

该预制剪力墙在现场安装时,因有马牙顶部可以直接坐在楼板上,墙内的纵向主筋可与下部剪力墙所留的主筋进行搭接绑扎,然后在马牙槎高度范围的墙两侧进行绑扎模板,模板上部留有 100mm 高的灌浆口,下部留有 10mm 高的出浆孔。用高出剪力墙强度一级的混凝土进行灌浆,并用小型震动棒震动密实,视下部出浆孔的出浆程度,可控制灌浆的饱满程度。

二、装配式柱马牙槎构造

在装配式钢筋混凝土框架结构中,柱是一个主要构件,现选取一个 600mm×600mm,

高度为一个层高的钢筋混凝土柱,作为一个构件单元,如何设置柱马牙槎进行表述。该构件可分两部分:一是预制主体柱部分,二是预制马牙槎部分。

1. 主体柱的模板及配筋图

预制主体柱柱内设 12φ18 的主筋,箍筋为 φ8@100/200。柱内的主筋下部伸出预制混凝土 600mm 的长度,即与马牙槎同高,上部留出的钢筋为框架梁高+600mm。

在工厂浇筑主体柱混凝土时,先将预制好的马牙槎定位安装,与柱内主筋绑扎在一起,然后在带有震动的浇筑平台上浇筑混凝土。在预制柱时,柱内需先埋设用来吊装构件的吊环、用来现场安装构件的斜支撑扣件。

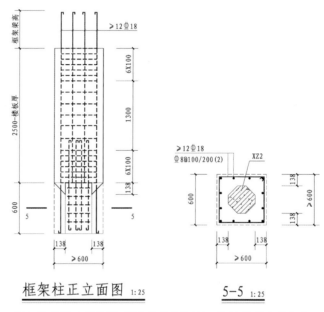

框架柱模板及配筋图(阴影部分为预制时浇筑混凝土的部分)

2. 马牙槎模板及配筋图

从预制主体柱的下端中间伸出一个马牙槎,马牙槎因形状像马牙而得名。马牙槎在施工时用来支撑墙体,在形成墙体时起到现浇和预制混凝土之间的咬合作用。

马牙槎断面为八边形,内配有钢筋,用与柱同一强度的混凝土制作。其中间阴影部分为浇筑混凝土部分。马牙槎内配有 8φ12 的主筋,和 φ6@200 的箍筋,主筋伸出马牙槎上部 350mm,在浇柱混凝土时锚入柱内。使马牙槎与柱形成整体。

3. 施工现场马牙槎的浇筑

该预制钢筋混凝土柱在现场安装时,因有马牙顶部可以直接坐在楼板上,墙内的纵向主筋可与下部剪力墙所留的主筋进行搭接或焊接,然后在马牙槎高度范围内的柱四周绑扎模板,模板上部留有 100mm 的灌浆口,下部留有 10mm 高的出浆孔。用高出柱强度等级一级的混凝土进行灌浆,并用小型震动棒震动密实,视下部出浆孔的出浆程度,可控制灌浆的饱满程度。

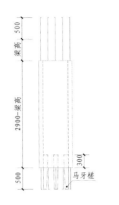

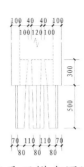

空心马牙槎柱立面图 1:50

下端马牙槎布置图 1:25

注：1、a与b值根据柱的截面尺寸确定

马牙槎模板及配筋图

三、装配式马牙槎空心柱模板及配筋图

在装配式钢筋混凝土框架结构中,柱是一个主要构件,现选取一个 600mm×600mm 高度为一个层高的钢筋混凝土柱,作为一个构件单元。该构件可分两部分:一是预制空心柱部分,二是预制马牙槎部分。

1.空心柱的模板及配筋图

柱内设 12φ18 的主筋,箍筋为 φ8@100/200。柱内的主筋下部伸出预制混凝土 600mm 的长度,即与马牙槎同高,上部留出的钢筋为框架梁高＋600mm。

在工厂浇筑空心柱混凝土时,先将预制好的马牙槎定位安装,与柱内主筋绑扎在一起,然后在带有震动的浇筑平台上浇筑混凝土。在预制空心柱时,柱内需先埋设用来吊装构件的吊环、用来现场安装构件的斜支撑扣件。

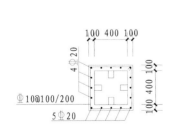

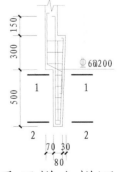

空心马牙槎柱断面图 1:50

马牙槎大样图 1:25

空心柱模板及配筋图

2. 马牙槎模板及配筋图

马牙槎断面,在上边与柱相交处为 120mm×120mm 的矩形,在端部为 80mm×80mm 的小矩形,高度为 500mm,用与柱同强度等级的混凝土制作。

马牙槎内配有 4φ12 的主筋和 φ6@200 的箍筋,马牙槎上部主筋伸入空心柱壁内 300mm,在浇完柱混凝土后锚入柱内,使马牙槎与柱形成整体。

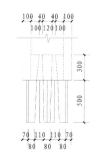

下端马牙槎布置图 1:25

注:1、a 与 b 值根据柱的截面尺寸确定

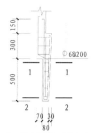

马牙槎大样图 1:25

马牙槎模板及配筋图

3. 施工现场马牙槎部位的浇筑

该预制钢筋混凝土柱在现场安装时,因有马牙顶部可以直接坐在楼板上,柱内的纵向主筋可与下部柱所留的主筋进行搭接或焊接,然后在马牙槎高度范围内的柱四周绑扎模板,在模板上下部均留有 10mm 高的出浆孔。

空心柱安装就位后,用与柱同一强度等级的混凝土,在柱顶空心口进行灌浆,浇筑柱下马牙槎范围内部分和柱空心部分,同时用小型震动棒震动密实,视出浆孔的出浆程度,可控制灌浆的饱满程度。

空心柱最大的优点如下:①马牙槎处有充分的操作空间,直观可视,使纵向钢筋的绑接和焊接保证质量要求,彻底解决了装配式建筑竖向构件连接的问题。②现场混凝土直接从空心柱顶部空心口注入,使得预制混凝土和现浇混凝土形成一个紧密的整体,达到了现浇混凝土的密实程度。③因为竖向连接达到现浇混凝土的强度标准,楼房在设计时可以不减层数,提高了土地利用率,有利于装配式的推广。

以上三种预制构件的尺寸及配筋,是取设计中较为常用的典型构件做范例,在设计实践时可按工程具体情况做适当的设计调整。

四、绿色农宅中剪力墙马牙槎的应用

示范性农宅三号楼为装配式短肢剪力墙结构,共二层,剪力墙的竖向连接一层选用钢套筒灌浆技术连接,二层改用装配式剪力墙马牙槎连接。短肢剪力墙一共有四种型式,二层预制的短肢剪力墙均按马牙槎设计根部。

在短肢剪力墙安装过程中,在拍摄的照片中选择了两张实景图,供读者参考,希望对剪力墙马牙槎连接留下深刻的影响,以促进 PC 建筑的发展。

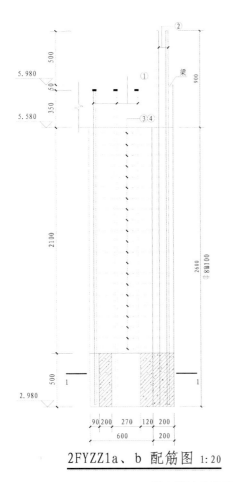

2FYZZ1a、b 配筋图 1:20

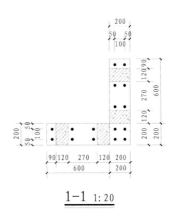

1-1 1:20

剪力墙柱马牙槎连接布置图

剪力墙马牙槎安装实景图

五、马牙槎连接的试验结果

在申报剪力墙马牙槎专利的同时,为了进一步确认该思路的安全性和可行性,我们与兰州交通大学土木学院联系,进行该构件的实体试验。

具体思路是将该构件的连接方式做成 1:1 的试验模型,并与 1:1 的现浇剪力墙构件试验模型,做受剪力破坏试验,并比较试验结果。

通过对试验结果的分析得出,装配式钢筋混凝土剪力墙马牙槎连接构件的受剪性能同钢筋混凝土现浇剪力墙构件的受剪性能相差甚微。可以看出,该种连接的剪力墙结构其受剪能力等效于现浇剪力墙结构,试验证明,装配式钢筋混凝土剪力墙马牙槎的连接,是装配式钢筋混凝土剪力墙结构中最理想的连接方式。

马牙槎连接试验实景图

第五节　装配式钢板混凝土柱及钢板桁架梁框架结构

装配式钢板混凝土柱及钢板桁架梁框架结构是一种新的结构型式。该结构是由钢板混凝土柱和钢板桁架梁组成的框架结构，**钢板混凝土柱**是将钢筋混凝土柱内的纵向钢筋和箍筋外移到表皮，转换为钢板，其内浇筑混凝土，作为框架柱。**钢板桁架梁**是将槽型钢板腹板上镂空，然后将镂空的两片槽钢通过缀板连接，形成新的整体式小型桁架结构，作为框架梁。**梁与柱通过钢筋来连接**，形成受力性能较好的节点，这样利用了钢筋在混凝土锚固性能好的优点，形成力学性能较好的框架节点。该**钢筋桁架符合楼板**也采用钢筋外移的理念，将受力钢筋置于混凝土板的下表面，其下再设一层高密板。

该结构型式是一种介于钢筋混凝土结构和钢结构之间的结构体系，集合了两者的长处，避免了各自的不足，从而达到了节约材料的目的。该梁、柱、板的构件基本上在工厂预制完成，现场仅做焊接组装和浇筑少部分的普通混凝土，构件可工业化大批量生产，节约大量的人工、材料、能源和水，并缩短了建筑的施工周期，契合当前国家推广装配式建筑的要求。

一、钢板混凝土柱

（1）由于钢筋外移置换成钢板，其内浇筑混凝土形成钢板混凝土柱，从而节省了浇筑的大量模板，节约了模板的投资和人工的成本，同时也缩短了施工工期。

（2）采用钢板混凝土柱，避免了钢结构中受压柱容易失稳和屈曲等致命的弱点，该柱相比钢筋混凝土柱断面可以适当放小，相比钢结构柱的用钢量明显减少。这样的结构构件既发挥了钢材受拉的优势，又能发挥混凝土能够承受压力的优势，节约成本的优势明显。

（3）该柱外表的钢板代替受力钢筋，等效于钢筋外移到表面，消除了钢筋混凝土柱的保护层，增加了柱子的有效高度，相比同尺寸钢筋混凝土柱，提高了截面的使用效率。

（4）钢板内浇筑混凝土有益于钢筋的锚固，钢筋在混凝土中能够较好地锚固，这样的节点抗震性能最优。节点是框架结构的重中之重，强化节点有利于提高结构的抗震性能，这种结构更适宜建造高烈度地区的房屋。

（5）如钢板的受拉强度不够或在高烈度地区，在预制钢板柱时，可在钢板内侧增设钢筋，特别是在四个角上和与梁相交的节点处增设加强钢筋，与钢板共同承受拉力。

（6）制作柱钢板时，钢板上在梁柱连接钢筋的位置处，加工成略粗于钢筋直径的洞孔，将梁柱连接钢筋通过孔插入柱内，其伸入的长度满足抗震对锚固的要求，在弯转部分钢筋与对面的柱钢板进行焊接。钢筋在孔外预留 10cm 的长度与梁焊接，在施工现场组装时与钢板桁架梁进行施焊。为了减少开孔对柱强度的影响，在开洞的柱钢板内侧贴焊部分竖向补强钢筋。

（7）钢板柱可在工厂预制，实现工业化生产。因在特定的环境内进行加工和施焊，保证了构件的质量和精度,像生产轿车一样生产建筑构件。

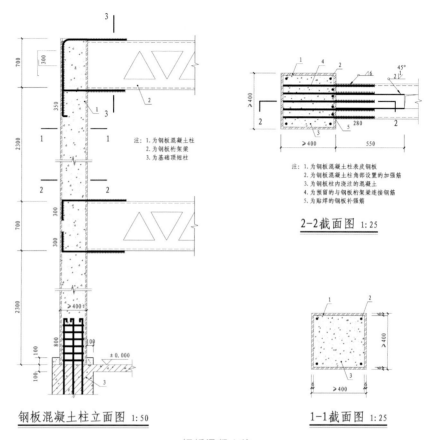

钢板混凝土柱

二、钢板桁架梁

（1）钢板桁架梁是将槽型钢板的腹板进行镂空,形成新型的小型桁架结构,两片镂空的槽型钢板通过缀板连接,完成梁的加工,产生出一种新型的桁架型钢梁。相比在同荷载的槽钢或工字钢,该梁受力明确,自重轻,用钢量少,在装配式的民用建筑中便于大力推广。

（2）钢板桁架梁在现场与钢板混凝土柱通过连接钢筋进行焊接,上、下弦杆连接钢筋的面积须分别大于或等于上、下弦杆钢材的面积。该连接钢筋已在预制柱钢板时预置,在现场组装时,与钢板桁架梁的上下弦杆直接焊接,解决了钢结构的节点连接复杂的问题。

（3）钢板桁架梁可在型材钢厂内定做,避免因开孔而浪费钢材,同样可实现工业化生产。一次完成桁架梁的上弦杆、下弦杆及腹杆的连接。

（4）钢板桁架梁实现工业化生产,保证了构件的质量和精度。

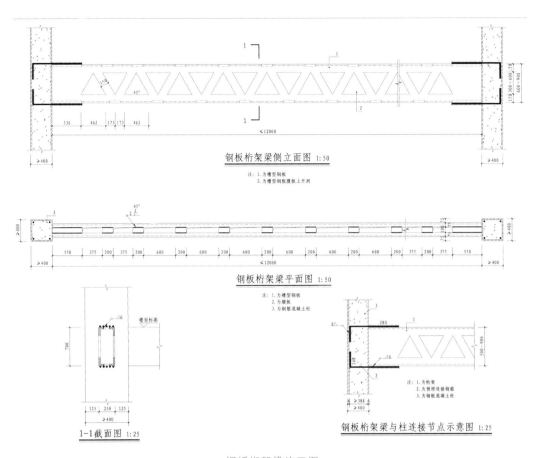

钢板桁架梁施工图

三、钢筋桁架复合楼板

（1）将钢筋混凝土楼板中的钢筋外移下置,因为没有了保护层,这样无形中增加了板的有效高度。同样是 100mm 的钢筋混凝土现浇板,可做成 80mm 厚的板,板厚减少了 20%,相应重量也减少了 20%,同时减轻了整栋建筑物的重量。

（2）该楼板采用钢筋桁架作为受力钢筋,紧贴钢筋下设一层 15mm 的高密板,既是钢筋的保护层,又是浇筑混凝土的模板,也是室内顶棚的装修层,有一板三用的效果。

（3）该楼板的钢筋桁架和高密板,可在工厂中按设计要求进行连接的加工,制作成钢筋和板连接的预制构件。该构件因为重量轻,可按普通房间的整间进行预制,即每间为一整块构件。

（4）该构件运输到现场,吊装就位后,将板内主筋与钢板桁架梁点焊,然后上浇普通混凝土完成楼板的施工。该构件因为重量轻,避免了 PC 中的叠合楼板预制部分自重过大的问题,和叠合楼板现场二次浇筑混凝土结合不好的质量弊病。

（5）该复合板中钢筋桁架和高密板构件可实现工业化生产,在特定的环境内进行施焊和加工,能够确保构件的质量和精度。

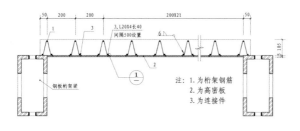

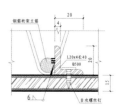

板厚120立面示意图 1:10
（适宜跨度3900~4200）

①号索引大样图 1:5

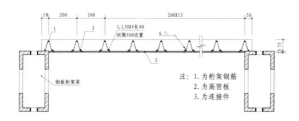

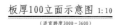

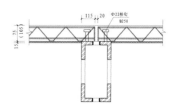

板厚100立面示意图 1:10
（适宜跨度3000~3600）

钢筋桁架复合楼板支座连接大样图 1:10

钢筋桁架复合楼板设计图

四、钢板混凝土柱钢板桁架梁框架结构模型分析

为了分析钢板混凝土柱-钢桁架梁框架结构在地震作用下的内力及变形,我们设计了一栋4层框架结构,层高均为3.6m,跨度分别按4m、6m和8m布置,框架柱采用钢板混凝土柱,框架梁采用钢板桁架梁,楼板采用钢筋桁架楼承板。

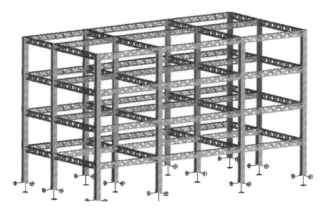

钢板混凝土柱-钢桁架梁模型

此外,为了比较该新型结构型式与传统结构型式的优劣,我们分别建立钢筋混凝土结构模型、钢框架结构模型,用有限元结构软件进行计算,对其计算结果进行比较。

结构模型

结构模型	钢板柱-钢桁架梁结构	钢框架结构	钢筋混凝土结构
柱截面/mm	400×400×6	400×400×12	600×600
梁截面/mm	格构桁架梁 250×450	H 型钢 250×450	300×600

对各种结构在设防地震烈度为 8 度 0.3g 的地震激励下进行分析,地震分组第二组,场地类别 Ⅱ 类。

结构地震响应

结构形式	层间位移角	梁最大挠度
钢板柱-钢桁架梁结构	1/562	1/1635
钢框架结构	1/341	1/1534
钢筋混凝土结构	1/555	—

计算结果表明:在结构整体力学性能、抵抗地震作用能力相类似的前提下,钢板混凝土柱所需钢板面积为 9456mm^2,钢筋混凝土柱所需配置纵筋面积为 6080mm^2,钢板混凝土柱框架柱含钢量与计入箍筋的钢筋混凝土框架柱含钢量相近,考虑构造措施保证钢板与内包混凝土的协同受力,钢板混凝土柱结构具有一定的经济性。钢桁架梁具有较大的刚度,在地震作用下,钢板柱-钢桁架梁结构层间位移相比钢框架结构较小。

为了得到不同跨度下的钢桁架梁截面,对各跨度结构模型进行优化分析,得到不同跨度与钢桁架梁截面尺寸的对应关系。

桁架梁跨度与梁截面高度的相关性

梁跨度	梁端最大弯矩 M/(kN·m)	最优梁截面($b×h$)/(mm×mm)
4m	142.3	250×400
6m	144.8	250×450
8m	151.1	250×500

表中梁端最大弯矩为:桁架梁斜腹杆稳定应力比超限时,对应的最大梁端弯矩。地震作用下计算结果表明,当梁跨度较大时,跨中上弦杆受压易失稳;当梁端弯矩较大时,桁架梁钢板腹杆容易失稳,采用角钢作为斜腹杆后,钢桁架梁腹杆不再失稳。

钢桁架梁斜腹杆稳定性

桁架梁斜腹杆	桁架梁应力比超限百分比/%
钢板-150×6	65
角钢 L75×6	0

为了分析钢板混凝土柱-钢桁架梁的受力性能与变形能力,对单榀框架在均布竖向荷载工况下、给定水平位移工况下进行数值模拟分析。采用 ABAQUS 有限元分析软件,在建模中混凝土本构模型采用混凝土损伤塑性模型混凝土受压行为和受拉行为均采用《混凝土结构设计规范》(GB 50010—2010)附录 C 中给出的本构关系。对钢板采用了两折线本构,即

钢板达到屈服强度后应力不随应变的增大而增大。

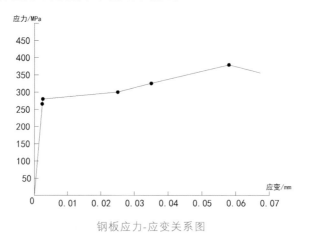

钢板应力-应变关系图

（1）有限元模型的建立

建立层高 3.6m，跨度 8.0m 单榀结构模型，钢板柱-钢桁架梁截面，施加荷载如下表所示，钢板混凝土柱-钢板桁架梁划分好网格的结构有限元模型。

结构模型

结构参数	层高×跨度	柱截面	梁截面
	3.60m×8.0m	3.60m×8.0m	弦杆角钢 L150×12
静力荷载	梁线荷载设计值 42.0kn/m		弦杆角钢 L00×8
位移荷载	对柱顶施加多遇地震下层间位移角限值 $h/250$，对应的水平位移 $\Delta e=14.4mm$		

（2）竖向荷载工况下的有限元分析

对框架承受竖向荷载工况、水平荷载工况、两者组合时工况产生的应力应变、变形进行了分析。该工况下框架的变形图、跨中时间挠度曲线图、应力云图、应力应变曲线。

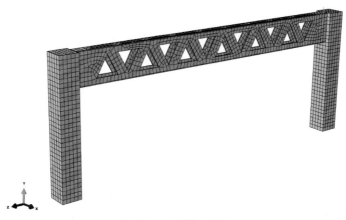

单榀框架有限元模型

从变形的趋势上看，上部弦板主要为受压变形内凹，腹板为受压变形外凸；钢板-混凝土柱变形不明显，说明有较好的稳定性。根据模拟的应力云图分析，最大应力为 246MPa，

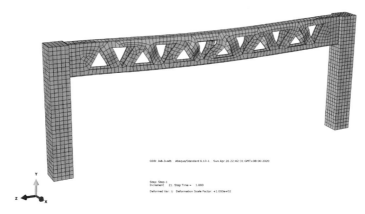

钢板混凝土柱-钢板桁架梁应变云图

远未达到 345MPa 的屈服强度。钢板桁架梁在设计荷载作用下一致处于弹性状态,有良好的承载能力。

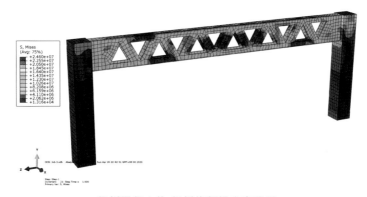

钢板混凝土柱-钢板桁架梁应变云图

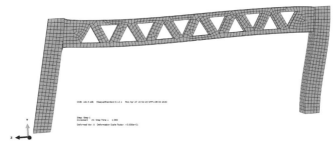

钢板混凝土柱-钢板桁架梁应变云图

（3）水平位移工况下的有限元分析

在框架柱顶施加多遇地震下的弹性水平位移,用来模拟地震工况下的承载力。根据《建筑抗震设计规范》(GB 50011—2010)的规定,弹性位移角为 1/250 的层高,本框架层高取 3600mm,则多遇地震下的水平位移为 144mm。施加水平为以后框架的变形云图和应力云图。

从应力云图可知,在多遇地震位移下,最大应力值为 336MPa,该框架未达到屈服应力

钢板混凝土柱-钢板桁架梁应变云图

345MPa，可以认为本次模拟的一榀框架可以达到抗震设计中的"小震弹性"的水准。

以上基于 ABAQUS 有限元分析结果表明，钢板桁架梁端采用实腹式截面的布置方式，有效提高了梁端受力性能，实现了强柱弱梁、强节点、弱杆件的设计效果，理论分析结果与结构设计需遵守的大原则高度吻合，是十分完美的结构构件设计思路的运用。

综上，通过建立整体空间模型的结构理论分析以及与传统钢筋混凝土框架结构、钢框架结构的比较可知，钢板混凝土柱钢板桁架梁框架结构为一种新的结构体系，具有较好的抗震性能，在具备抵抗相同水平的地震作用的前提下，该结构具有一定的经济优势，且施工便利，高度契合装配式建筑，另外钢板桁架梁在设备管线的走线上，具有先天的优势，设备管线可通过钢板桁架梁的孔洞或腹腔进行安装，不占用建筑净高，提高空间利用。

第六节   三种结构形式的经济分析比较

钢板混凝土柱钢板桁架梁结构体系,正在进行梁柱断面和节点构造的深化研究,以及结构体系抗震试验阶段,该结构体系已申报国家专利。其特点是:将钢筋混凝土柱内的钢筋外移,等效置换成外包钢板,这样能够充分发挥混凝土的受压能力和钢结构的受拉能力,使柱子的受力性能更好,同时取消了钢筋混凝土柱支模和钢筋的保护层,为柱的装配提供便利;将钢结构的型钢梁在工厂中精加工成小型桁架梁,相比型钢梁能够充分发挥钢材的受拉能力,同时减少用钢量;梁与柱的连接通过梁上已经固接的钢筋,伸入柱内,现场在柱内浇筑混凝土完成。该结构介于钢筋混凝土框架结构和型钢框架结构之间,同时具备了两个结构的优点,也避免了两个结构的缺点。该结构所有的钢构件均在工厂制作,柱内混凝土在现场浇筑,具备装配式建筑的特点。

为了介绍该结构在装配式建筑中的应用,选择了华天科研楼作为案例。该楼原设计为型钢框架结构,现在将结构分别改为钢筋混凝土结构和钢板混凝土柱钢板桁架梁结构,两种结构体系进行了抗震计算,并对三种结构型式进行经济性分析。

一、基本情况

华天科研楼为天水华天微电子股份有限公司承建的集科学研究、产品展示、技术交流为一体的综合性大楼。建筑层数为 8 层,建筑高度为 24m,建筑长宽为 99.9m×18.4m。地处天水市秦州区西十里产业园区,为自筹资金建设,开工时间 2017 年 8 月。该楼目前已经竣工并投入使用,结构型式采用型钢结构,其内外墙为加气混凝土,楼板为轻型钢楼承板,为中间走道的双面楼,属于多层建筑。

结构设计使用年限 50 年,基本风压:$0.35kN/m^2$,基本雪压 $0.10kN/m^2$,地面粗糙度类别为 B 类,抗震设防烈度为 8 度,设计基本地震加速度值为 $0.30g$,设计地震分组为第三组,场地特征周期为 0.45s。

二、计算结果选取

1. 典型柱梁的选择

楼选用了三种结构型式,即现浇钢筋混凝土框架结构、型钢框架结构、钢板混凝土柱钢桁架梁结构,并分别通过 YKJ 软件,按照规范要求的不同受力工况,进行了模拟计算。从计算结果中,分别提取了三种结构型式的梁柱的弯矩和剪力的最大值,进行比较分析。下面选取了 1~3 层四榀典型框架作介绍。

四榀框架分别为横向和纵向各选边跨和中跨两榀:

在横向:取 3 轴交 A-B 轴位置的一榀框架的中梁,梁的跨度为 8.5m。1 轴交 A-B 轴位置的一榀框架的中梁,梁的跨度为 8.5m。

在纵向:取 A 轴与 4-5 轴交位置的一榀框架的边梁,梁的跨度为 8.0m。取 C 轴交 4-5

轴位置的一榀框架的中梁,梁的跨度为 8.0m。

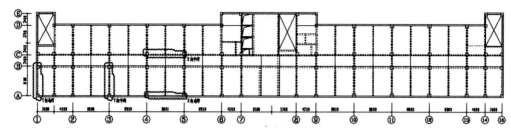

结构平面布置图

三种结构形式的典型梁柱截面表   mm

结构形式	梁截面	柱截面
钢筋混凝土框架结构	300×700	700×800
型钢框架结构	工字型截面 300×550×11×18	箱型截面 500×550×16
钢板混凝土柱 钢板桁架梁框架结构	工字型截面 250×800×11×18	箱型截面 500×500×8 内浇混凝土

2. 典型梁柱受力情况

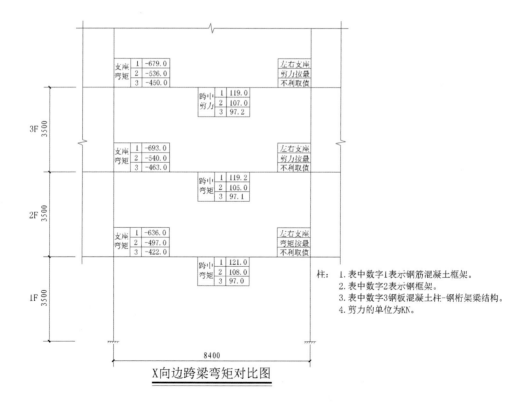

X向边跨梁弯矩对比图

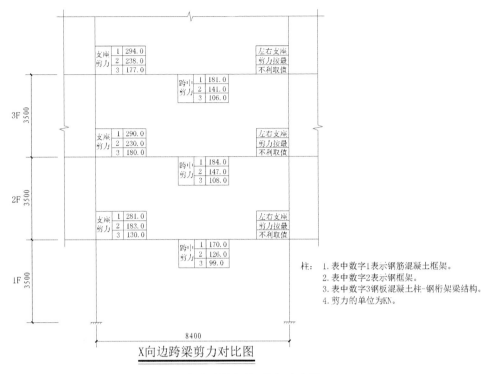

X向边跨梁弯矩、剪力对比图

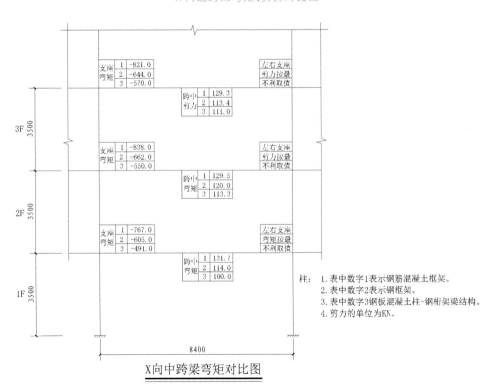

X向中跨梁弯矩对比图

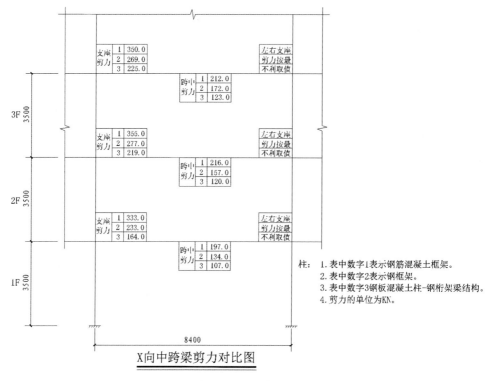

注：1. 表中数字1表示钢筋混凝土框架。
2. 表中数字2表示钢框架。
3. 表中数字3钢板混凝土柱-钢桁架梁结构。
4. 剪力的单位为KN。

X向中跨梁剪力对比图

X向中跨梁弯矩、剪力对比图

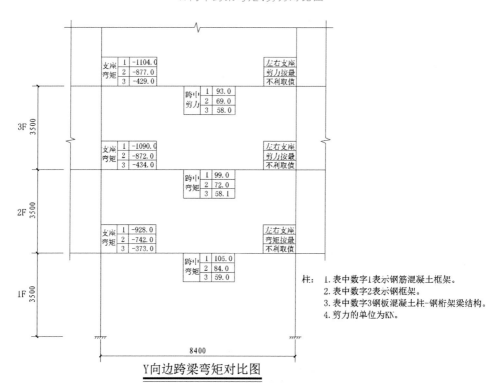

注：1. 表中数字1表示钢筋混凝土框架。
2. 表中数字2表示钢框架。
3. 表中数字3钢板混凝土柱-钢桁架梁结构。
4. 剪力的单位为KN。

Y向边跨梁弯矩对比图

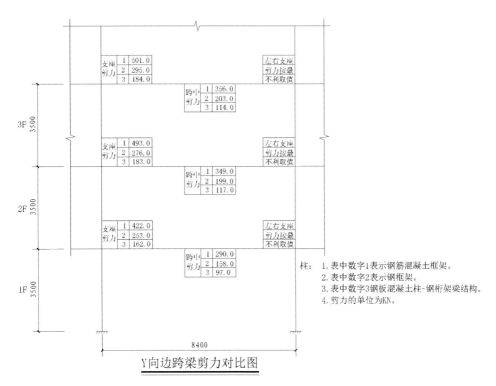

Y向边跨梁弯矩、剪力对比图

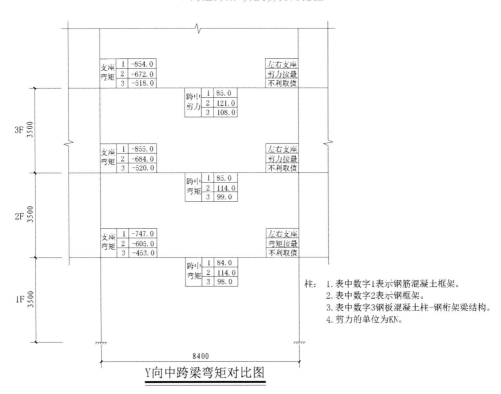

Y向中跨梁弯矩对比图

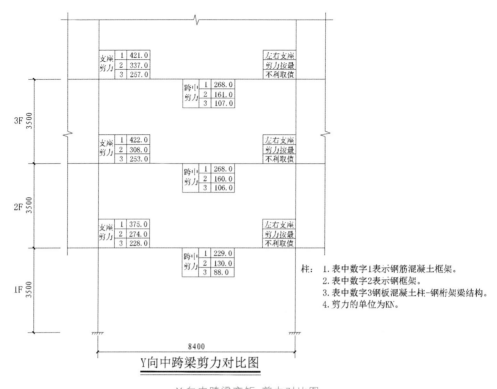

Y向中跨梁弯矩、剪力对比图

3. 典型梁柱断面的设计尺寸及配筋

（1）钢筋混凝土框架结构梁柱典型断面配筋图

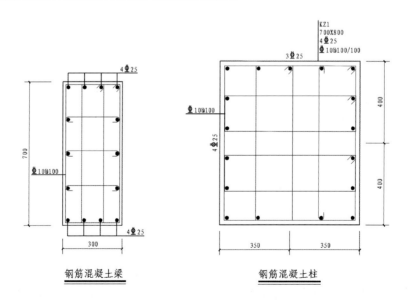

钢筋混凝土框架结构梁柱典型断面配筋图

钢筋混凝土框架结构梁柱典型断面配筋图

（2）型钢框架结构梁柱典型断面

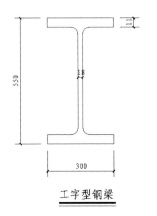

工字型钢梁

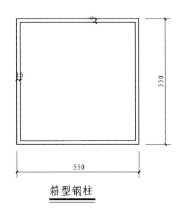

箱型钢柱

型钢框架结构梁柱典型断面图

型钢框架结构梁柱典型断面图

（3）钢板混凝土柱钢桁架梁结构梁柱典型断面

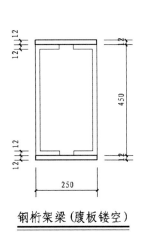

钢桁架梁（腹板镂空）

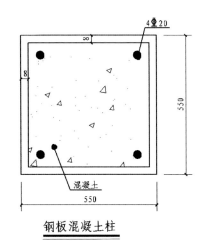

钢板混凝土柱

钢板混凝土柱钢桁架梁结构梁柱典型断面图

钢板混凝土柱钢桁架梁结构梁柱典型断面图

三、三种结构形式经济性比较

对钢筋混凝土框架结构，型钢框架结构，钢板混凝土柱钢桁架梁框架结构进行经济比较，可以看出，钢板混凝土柱钢板桁架梁框架结构同时具有了钢筋混凝土框架结构与型钢框架结构各自的优点，具有较好的承载能力，同时还比型钢结构经济。

造价对比表 元/m²

结构型式	框架梁	框架柱	楼板	模板	人工费	防火涂料	零星钢构件	单方造价
钢筋混凝土框架结构	220.3	256.6	251.1	119.8	165.2	0	0	1013.0
型钢框架结构	525.4	343.2	261.9	0	85.1	70.0	123.0	1408.6
钢板混凝土柱钢桁架梁框架结构	507.6	225.3	245.7	0	95.8	40.0	60.0	1174.4

第七节　黄土泥免烧砖墙体稳定性研究

一、引言

我国北方农宅大部分为砖砌体结构和生土结构。砖砌体结构能源浪费、环境污染较严重，主要在农宅改造和新农村建设中采用；生土结构建筑面临年久失修、功能退化的状况，需要全面更新换代。绿色建筑是我国目前推广的建筑形式，具有节材、节地、节水、节能的特点。利用黄土泥免烧生态砖作为三号楼的外围护墙及内隔墙，符合绿色建筑对墙体的要求。黄土泥秸秆树脂免烧生态砖是我们研制的，以黄土为主要材料的一种新型的绿色环保建筑材料。其特点如下：

（1）该砖不用进窑煅烧，避免了因烧结而所消耗的能源，不但节省了能耗，而且避免了环境污染。

（2）该材料就地取材就地加工，节省了因运输而增加的成本，也避免了运输过程中的耗能。

（3）黄土泥秸秆树脂免烧生态砖，具有保温蓄热、吸湿防燥的物理特性，该特性最贴合人体的生理需求，用该材料砌筑的内外墙建筑，可提高居住环境的舒适度。

（4）该材料用到建筑的外墙，其土质表皮可丰富农村新建住宅的建筑效果，保留更多的乡村元素。

（5）当建筑物废弃时，该材料可在自然环境下降解，对环境不产生建筑垃圾，对环境破坏最小。

由黄土泥秸秆树脂免烧生态砖所砌筑的空斗夹芯墙，不但具备上述特点，而且保温蓄热，吸湿降燥的性能更加优良。可以说，该材料是一种名副其实的绿色环保建筑材料，所砌筑墙体是绿色建筑最理想的外墙围护结构，便于在农村地区广泛推行。

为此，对三号楼的外围护墙体，我们积极推荐使用黄土泥秸秆树脂免烧生态砖空斗夹芯墙，内隔墙仍然采用黄土泥秸秆树脂免烧生态砖砌筑的单层砖墙。下面对所述的外墙、内墙在抗震时候的强度和稳定性进行分析，确保所设计的墙体在地震时是安全可靠的。

二、墙体构造

（1）外墙为黄土泥秸秆树脂免烧生态砖空斗夹芯墙，总厚度为 500mm，在构造上分内外两个单砖墙，其厚度均为 150mm，中间为厚 170mm 的空斗，内外墙每 2 皮顺砖互相拉结 1 丁砖，其所形成的空斗部分用经防腐处理的秸秆填充。所有的墙体为 1∶2.5 的水泥砂浆砌筑，水平、竖向灰缝均为 10mm。

（2）黄土泥秸秆树脂免烧生态砖空斗夹芯墙，在承担垂直于墙面的荷载时，内外两片墙为两翼，丁砖为腹板，形成连续的工字型截面，这样的截面惯性矩较大，平面刚度好，抗侧力

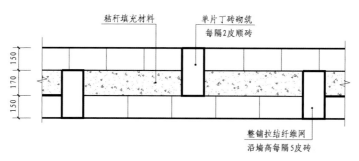

夹心外墙平面构造图

能力强。

（3）黄土泥秸秆树脂免烧生态砖空斗夹芯墙，沿墙高方向每砌 5 皮砖，待空斗内填满经防腐处理的秸秆材料后，整铺一层玻纤网。玻纤网起到水平拉接作用，以增强墙体整体性能；同时玻纤网与墙两端的柱子粘接，减少墙体与柱之间因地震时容易产生的裂缝。

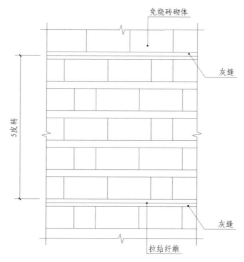

夹心外墙立面构造图

三、墙稳定性和抗震能力分析

1. 墙体的稳定性

墙体参数表

墙体参数	夹心墙	组合夹心墙	规范限值
墙体净高/mm	2600	2600	—
墙体厚度/mm	212	272	—
高厚比/%	12.26	9.5	22

根据计算结果可知，组合夹心墙的高厚比明显减小，组合夹心墙的稳定性明显提高。通过分析得出以下结论：

（1）通过设置拉接丁砖形成了复合墙的工字型截面，有效地减小墙体高厚比，增大墙体的稳定性。

（2）对内隔墙在墙体砌筑时，只要采取措施确保墙体与周围的混凝土构件间密实填塞，内隔墙的稳定性可得到保证，并有一定的富余量。

2. 墙体的抗震性能

1）夹芯墙砌体抗压强度

通过实验可知，黄土泥树脂秸秆免烧生态砖的抗压强度为4.5MPa，大于加气混凝土砌块的3.0MPa，该新型材料接近于抗压强度为5.0MPa的MU5.0的黏土砖。用黄土泥秸秆树脂免烧生态砖和1∶2.5的水泥砂浆砌筑而成的墙体，其强度大于加气块砌筑的墙体。

在8度0.3g的抗震地区，在多层及高层住宅内，外墙一般为300mm的加气混凝土砌块，内墙为150mm的加气混凝土砌块，其墙体均能满足抗震要求，而我们砌筑的是500mm的外墙和150mm的内墙，其稳定性和抗压强度同样能满足抗震要求。

2）墙体水平抗剪力计算

黄土泥秸秆树脂免烧生态砖空斗夹芯墙可作为砌体结构的外墙，其作用不但起围护作用，还有很好的保温蓄热、吸湿防燥的特性。充分发挥该墙体强度的潜力，在低层建筑，特别是绿色农宅中，由墙体承担竖向荷载和地震时产生的水平荷载，不再另设结构构件，达到节省投资、节约资源的目的。

用黄土泥秸秆树脂免烧生态砖砌筑的外墙，其强度接近MU5.0的黏土砖墙体，该砖可按MU5.0的砌体强度做抗震验算，其外墙能满足抗震要求。

对于该墙体的抗震能力，我们研究所计划按照1∶1的实体比例，在地震实验台上进行墙体试验，提出最真实的抗震试验数据，为推广该材料在绿色农宅中的应用上提供可靠的依据。

第八节 湿陷性黄土地基处理新方法

一、湿陷性黄土特性

我国黄土分布面积约为 63 万 km^2,主要分布在甘肃、山西、陕西的大部分地区,河南西部和宁夏、青海、河北的部分地区,此外还覆盖新疆、内蒙古和山东、辽宁、黑龙江等省的局部地区。其中,湿陷性黄土的分布面积约占黄土分布面积的 60%,主要分布在黄土高原,北至长城、南至秦岭、西到祁连山、东越太行山,年平均降雨量在 $250\sim300mm$,各地黄土堆积厚度、力学性质等方面都有明显的差别,如湿陷性具有自西向东和自北向南逐渐减弱的规律。

湿陷性黄土是一种非饱和的欠压密土,具有大孔和垂直节理。在天然湿度下,其压缩性较低,强度较高,但遇水浸湿时,黄土的强度显著降低。在黄土本身的自重压力或在附加压力与黄土本身的自重压力下共同作用引起的湿陷变形,是一种下沉量大、下沉速度快的失稳性变形,对建筑物危害性极大。在房屋建设时,应根据湿陷性黄土的特点和建筑特性,因地制宜,采取以地基处理为主的综合措施,防止地基浸水湿陷对建筑物产生危害。

湿陷性黄土是在一定压力下受水浸湿,土结构迅速破坏,并产生显著附加下沉的黄土,可分为自重性湿陷和非自重性湿陷两种。自重湿陷性黄土是在上覆土的自重压力下受水浸湿,发生显著附加下沉的湿陷性黄土。非自重湿陷性黄土是在上覆土的自重压力下受水浸湿,不发生显著附加下沉的湿陷性黄土。

防止湿陷性黄土地基湿陷的综合措施,可分为地基处理、防水措施和结构措施三种。其中,地基处理措施主要用于改善土的物理力学性质,减小或消除地基的湿陷变形;防水措施主要用于防止或减少地基受水浸湿;结构措施主要用于减小和调整建筑物的不均匀沉降,或使上部结构适应地基的变形。本书所述绿色农宅正好位于最西端的湿陷性黄土地区,主要以地基处理为主。

二、湿陷性黄土地基处理新方法

1. 传统处理方法

按照《湿陷性黄土地区建筑规范》湿陷性黄土基础处理方法,主要有换填土垫层法、强夯法、桩基础、预浸法等,对于湿陷性黄土地区的低层建筑,多采用换填土垫层法进行处理。

湿陷性黄土按照湿陷沉降的程度可分Ⅰ级轻微、Ⅱ级中等、Ⅲ级严重、Ⅳ级很严重 4 个等级。其黄土的湿陷性等级通过土工试验确定。在建筑施工中,主要以换填垫土层法为主。

规范规定的各等级湿陷性黄土地基处理措施

地基持力层	多层建筑地基处理厚度	伸出条形基础边沿
黄土	3∶7 灰土压实换填 0.3m	基础宽度的 1/4,并不小于 0.5m
Ⅰ级湿陷性黄土	不小于 1.0m	基础宽度的 3/4,并不小于 1.0m
Ⅱ级非自重湿陷性黄土	不小于 2.0m	基础宽度的 1/4,并不小于 0.5m
Ⅱ级自重湿陷性黄土	不小于 2.5m	基础宽度的 3/4,并不小于 1.0m
Ⅲ或Ⅳ级自重湿陷性黄土	不小于 3~4m	基础宽度的 3/4,并不小于 1.0m

通过采用上表中要求的办法处理后,还需要在建筑物布置、场地排水、屋面排水、地面防水、散水、排水沟、管道敷设、管道材料和接口等方面采取基本防水措施,以防止雨水或生活用水渗漏浸湿地基。

规范规定的换填处理方法的换填量都很大,需要很大方量的开挖,开挖出的湿陷性黄土要从工地运出,再从其他地方运来不具湿陷性的素土,或拌合成 3∶7 灰土,逐层碾压回填至基础垫层下。整个过程会产生大量的机械台班费、人工费,成本较高,在农村农宅建设中,农村住户几乎不会按规范规定的方法进行地基处理。

对于黄土地区的房屋,无论是砖混结构还是框架结构,为了提高基础的整体刚度,在设计时都按条形基础考虑。砖混结构在墙体下设条形基础,并在 ±0.000 地面处设圈梁,以提高基础的整体性。框架结构在条形基础上设肋梁,以分散柱子的竖向荷载和提高基础的整体性能。这种结构措施,可以提高房屋抗不均匀沉降的能力,以抵抗湿陷性黄土的局部湿陷。

2. 湿陷性黄土地基处理新方法

目前,我国在湿陷性黄土地区上建造的农宅数量规模宏大。因其层数低,对湿陷性黄土地基的处理没有好的方法。为此,我们在农宅的地基处理上探讨过多种办法,最为理想的是在基础下铺设防水土工布以代替《湿陷性黄土地区建筑规范》中提供的处理办法,使之地基处理简单易行,经济实惠,并在房屋使用上安全可靠。该方法可适用于 Ⅰ、Ⅱ、Ⅲ 级的自重或非自重湿陷性黄土地基。

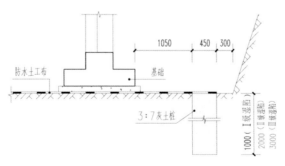

土工防水布地基处理措施

防水土工布地基处理的具体施工工序如下:

(1) 整体开挖基槽至基础底面,基槽宽出基础外边缘 1.5m,整平夯实基坑表面。

(2) 在周边做一排小孔灰土桩,用小型钻孔机打直径为 450mm 的桩孔,其内夯填 3∶7 灰土,桩的深度按照 Ⅰ、Ⅱ、Ⅲ 级分别为 1m、2m、3m。桩的施工顺序,按跳桩施工办法,先是每隔一桩钻一孔,两孔之间的间距保持为 400mm+400mm。然后,在施工中间一桩时,钻孔时将已完工的相邻两桩的桩身灰土各削掉 50mm,当该孔填满时形成连续排桩墙体。

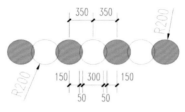

跳桩施工示意图

(3)排桩施工完后整平场地,进行土防水工布的铺设,铺设范围能够将排桩覆盖在内,这样可隔绝基底四周地下渗水,向基底下方地渗透,可视为基础下的湿陷性黄土按照规范等效地进行了处理。

该处理方法避免了传统换填垫层处理方法的大开大挖,既节省了土方开挖的费用,又节省了换填回填的费用,且随着基坑开挖深度的减小,基坑开挖时放坡范围也减小了很多,缩小了施工场地范围,不但减少了土方量,而且减少了占用建筑周边的场地,明显地节约了投资。

这种方法适用于多层民用建筑,特别适用于 2~3 层的农宅建设。

三、新措施在农宅上的应用

该房屋基于广袤的湿陷性黄土地区农村而设计,对于湿陷性黄土地基的处理,按照《湿陷性黄土地区建筑规范》要求,按湿陷等级的不同,在基础下需要处理 2~3m 的湿陷性黄土,主要是以换填土的方法为主,施工需要大挖大填。

该房屋在湿陷性地基处理上的技术措施是:把基槽开挖到基础底标高后,进行原土夯实,其上铺设一层土工防水布,再做基础,内设给排水、供暖、电气管道,墙体砌到地面以上后,可进行原土回填。

本房屋设计的防水土工布是一个非常好的创意,其防水土工布的作用:一是对房屋起到防潮作用;二是防止雨水及生活用水浸入房屋地基内,造成黄土湿陷;三是所有进入室内的管道可以直埋不设地沟;四是在地面下施工的工序上和工程量上明显减少,可缩短工期、降低造价。

第五章

绿色农宅建筑设备

第一节 绿色农宅给排水

一、集雨水窖

1. 水资源概况

天水市位于甘肃省东南部,总面积 14317km²,总人口 352.34 万人。气候属温带半湿润半干旱气候过渡带,具有明显的大陆性季风气候特征。年均降水量 538mm,降水时空变化大,降水变率大,最大年降水量与最小年降水量常常在 1 倍以上,平均年蒸发量 1294mm。天水地跨黄河、长江两大流域,以东西走向的秦岭为分水岭。北部地区为黄河流域渭河水系,面积为 11695km²,占全市面积的 81.7%;南部地区为长江流域嘉陵江水系,面积为 2622km²,占全市面积的 18.3%。

全市水资源总量 24.60 亿 m³/年,其中自产地表水资源量 15.17 亿 m³/年,入境水资源量为 9.42 亿 m³/年,入境水主要来自武山的渭河干流和榜沙河、甘谷的散渡河、秦安的葫芦河。地下水天然资源量为 5.15 亿 m³/年,地下水净资源量为 0.29 亿 m³/年,全部在渭河流域。

2. 水资源开发利用存在的问题

1) 水资源匮乏和水土资源不平衡

天水市年自产水资源 15.17 亿 m³/年,只占甘肃省的 5.34%,为全国人均水资源的 1/5,为全省人均水资源量的 2/5,土地水资源占有量 4048.5m³/hm²,水资源量与人口、耕地的区域分布极不适应。

天水市水资源有 36.3% 分布在长江流域,而该地区的人口仅占全市的 7.4%,耕地占 6.8%,人均水资源占有量 2071.5m³/hm²,土地水资源占有量 14706.0m³/hm²,属于人口少、耕地少、水资源相对丰富的地区。黄河流域的甘谷县和秦安县人口分别占全市的

17.1%、17.3%,水资源量分别仅占全市的 5.0%、5.1%。干旱灾害时常发生,水资源的短缺,已成为天水市经济社会可持续发展的重要制约因素。

2)调蓄工程少和河流来水利用程度低

天水市耕地面积 38.26 万 hm^2,有效灌溉面积只有 5.68 万 hm^2,占总耕地面积的14.8%。区域沟壑纵横,河流来水随季节变化大,全市除 3 座小型水库外,基本无调蓄工程,水资源调蓄调度能力低,时空分布不均的天然来水得不到有效调蓄,造成水资源供需矛盾突出。

3)水资源浪费严重和地表地下水资源利用不平衡

天水市建成节水灌溉面积仅 1.96 万 hm^2,占有效灌溉面积的 34.5%,大部分灌溉渠系利用系数仅为 0.45 左右,工业水重复利用率仅 45% 左右,造成水资源浪费严重。地表水开发利用 2.4 亿 m^3/年,占地表水资源量的 9.8%,地下水开发利用量 1.56 亿 m^3/年,占地下水天然资源量的 30.2%。

4)水生态环境恶化

由于城市污水集中处理工程建设滞后,加之近年来河流天然来水量少,有时甚至断流,河道内生态环境用水不能保证,使河流的自净能力降低,水生态环境恶化。2005 年,渭河水质监测结果,渭河天水段超标项目主要有化学需氧量、氨氮、生化需氧量,渭河支流葫芦河、藉河水质为Ⅴ类或劣Ⅴ类。榜沙河、牛头河水质达到Ⅲ类水质标准。

3. 雨水收集

1)雨水集流面

集流面是用来收集雨水的场地,房屋屋顶、院场、自然山坡、黏土地面、公路等都可以作为集雨场。在降雨量一定的条件下,雨水集流系统收集水量的多少,取决于集流面积的大小。因此对集流面的基本要求是:面积大以尽量多地汇集雨水;防渗以减少雨水下渗量。

对于水窖工程,家庭集流面以屋面和院面为主,石棉瓦屋面和茅草屋面不应作为集流面,还应避开对水质有明显影响的污染源。家庭中的屋面材料以混凝土面材、石板面材、青瓦为主,院子地面以夯实黄土面层或混凝土面层为主。以已建的绿色农宅为例,集水面为青瓦屋顶和混凝土院面,有效面积为 $120m^2$ 屋面和 $80m^2$ 院面。

2)窖容的确定

现阶段水窖的容积根据平水年集流量估计,若水窖容积设计过大则造成人工、材料等的浪费,若设计过小则无法最有效地收集雨水,造成水资源的浪费。按照集雨公式,取天水市相关参数,按照天水市年平均降雨量 553mm,院子面积 $80m^2$,屋面面积 $120m^2$ 计算,得出水窖容积为 $30m^3$。

3)雨水净化

雨水净化系统主要用于除去水中泥沙、水泥类胶凝质杂质以及大肠杆菌等细菌类指标。根据农村雨水水质特点,一般采用蓄前粗滤、蓄后沉淀和终端精滤三级处理方法进行水质净化处理。

蓄前粗滤是指通过在蓄水设施进水口处设置拦污栅、平流式沉沙池、格栅式沉沙池和砂石过滤池等设施对雨水中的粗颗粒泥沙、杂草等杂质,在雨水进入蓄水设施之前进行的简单过滤处理。

蓄后沉淀是指在雨水进入蓄水设施之后,通过投加明矾、草木灰、"灭疫皇"药物等进行的二次沉淀与消毒处理。

终端精滤是指采用过滤器、净水器等成套水处理设备对雨水在饮用前进行的深度过滤处理,同时坚持采用煮沸灭菌的方法进行饮用。

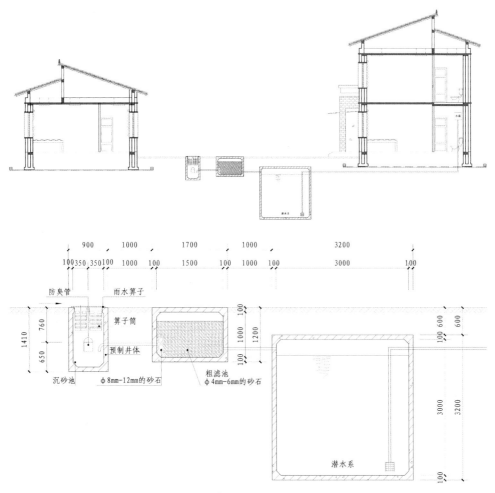

水窖雨水利用系统

4. 集雨水窖是绿色农宅的主要水源

目前,集雨水窖已在天水的农村广泛实施,已产生广泛的经济效益和社会效益,一户一窖是农村脱贫致富奔小康的基本条件。集雨水窖提供了安全、卫生的生活用水,改善了农村生活质量和卫生状况,提高了村民的健康水平。

与传统农宅相比,张吴山村的示范性农宅,房间内设厕所和淋浴设备。该房屋内的洗浴、洗衣服、厨房用水主要来自集雨窖水。洗浴、洗衣服、厨房所产生的优质污水,经家庭污优处理器处理后用来冲洗厕所。

按照农村五口之家计算,人均用于洗浴、洗衣服、厨房用水,按照 30L/d 的标准计算,在无雨季节需储水 18m^3。可见,设置 30m^3 的水窖完全可以满足院主人高品质的生活需求。

二、家庭优质污水处理器

随着人口的快速增长,家庭用水量剧增,水资源情况日趋短缺。同时,污水排放量也逐年增加,使得河湖污染日趋严重,把污水作为第二水资源加以开发利用就显得尤为重要。相关数据表明,生活中洗涤用水所产生的优质污水,包括盥洗、洗衣、厨房等排水,其占整个污水排量的75%~80%,但污染程度不大,仅为20%左右,这部分水最适合于用作中水处理,经再生处理和重复利用,可实现水的良性循环。

1. 家庭优质污水处理器

针对张吴山村绿色农宅的家庭生活污水,我们打破家庭中优质污水和厕所污水混合排出的方式。在设计示范性农宅的时候,提出了"污水不出户"的理念。其中优质污水通过家庭小型处理器进行处理,其方式是将污水处理厂的大部分处理工艺压缩到一个洗衣机大小的装备中,实现家庭处理优质污水的思路。

目前,我们自主研发具有专利知识产权的一体化家庭生活优质污水处理回用装置,称为家庭优质污水处理器(优污处理器)。用该设备将家庭日常生活中所产生的盥洗用水、洗涤用水、厨房用水等进行处理,处理后的水达到中水的标准,储备下可以用于冲厕、浇花、院内清扫等,甚至供给城市作为市政中水。使城市和农村居民能够高效地利用珍贵的水资源,达到节约用水、保护环境的目的。

2. 优污处理器构造

家庭优质污水处理器,由污水过滤发生器、臭氧接触反应器和外壳及附件等部分组成。

污水过滤发生器壳体由不锈钢制作,分为上壳体、中壳体和下壳体组成。该设备上壳体、中壳体和下壳体通过螺栓密封连接,内设的一级过滤组件固定在上壳体和中壳体的交接处,二级过滤组件固定在中壳体和下壳体的交接处。

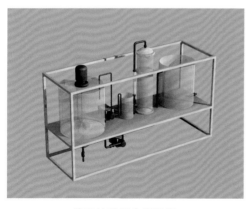

优污处理器专利配图

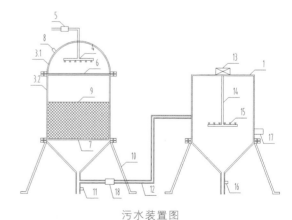

污水装置图

一级过滤组件由上下层组成,上层为纺织纤维过滤网,下层为金属过滤网。纺织纤维过滤网为聚合材料或非聚合材料类,该材料为聚四乙烯、聚砜、尼龙、聚丙烯、醋酸纤维的其中一种,金属过滤网为不锈钢冲孔网。纺织纤维过滤网、金属过滤网孔径为150~

300目。

二级过滤组件由填料和金属过滤网组成。填料为铁碳微电解填料及石英砂,铁碳微电解填料粒径为30mm,石英砂颗粒粒径为1~5mm,填料高度500~800mm。金属过滤网同上。

臭氧接触反应器的壳体仍然为不锈钢材质,其臭氧发生器的臭氧产量为3~10g/h。

家庭优质污水设备由污水过滤发生器A和臭氧接触反应器B、外壳及附件C等部分组成。

3. 工作原理

优污处理器中,污水通过一级过滤组件,可对盥洗用水、洗涤用水、厨房用水等过程产生的毛发、纤维杂质、肥皂气泡等进行截留;通过二级铁碳微电解填料及石英砂填料过滤组件,可吸附去除污水中表面活性剂、色度、余氯等;通过臭氧接触反应器,可对污水中残存的有机物、色度进行进一步去除,并且可以对污水杀菌消毒。该装置结构简单、体积小、实用性强、处理成本低、处理效率高。

该设备的A和B均设置排泥冲洗阀,每隔一段时间对设备内的污泥进行冲洗。

4. 技术参数

处理对象:家庭优质污水,包括日常生活中产生的盥洗用水、洗涤用水、厨房用水。

处理水量:设计处理水量$0.1m^3/h$。

主体工艺:采用"混凝+沉淀+过滤+消毒"处理工艺。

设备尺寸:1490mm×800mm×1500mm。

处理标准:出水水质应满足国家城市杂用水水质标准。

5. 优污处理器的试用效果

对某住宅楼内洗浴、洗衣服、厨房用水产生的污水,通过优污处理器处理后得到的实际数据表明,出水水质检测结果表明,各项指标均满足国家城市杂用水水质标准,出水达标。

出水水质检测结果

检 测 项 目	出水水质	检 测 项 目	出水水质
pH	7.63	溶解性总固体/(mg/L)	1283
悬浮物/(mg/L)	13	LAS/(mg/L)	0.104
嗅和味	良好	溶解氧/(mg/L)	2.5
COD_{cr}/(mg/L)	12	铁/(mg/L)	0.03
BOD_5/(mg/L)	3.6	锰/(mg/L)	0.01
氨氮/(mg/L)	0.81		

6. 优污处理器的特点

(1)家庭优质污水处理器将家庭中的洗浴、洗衣服、厨房用水进行处理回用,可减少2/3的家庭污水排出,结合我们研发的节水型免排马桶,使劣质污便在家内打包处理,最大的革命是消灭了家庭排污管。

(2)优污处理器所制取的中水,用于家庭冲洗厕所,可代替冲洗厕所用的饮用水,由此可以节约家庭1/3的用水。该设备不但可以用在农民住房,也可以用在城市住宅,节水效果明显,减轻北方城市日趋紧张的供水压力。

(3) 因为使用家庭优污处理器,及节水型免排马桶系统,污水处理由分户承担。在农村解决污水用管道排放的投资困难,消灭了污水乱排乱放的现象,从而消灭了村内道路上及两侧恶水横流的现象。

(4) 用优污处理器处理产生的中水,家庭仅能回用较少的一部分,大部分可供城市绿化用水、景观用水和消防用水。

(5) 通过使用家庭优污处理器,可以消灭家庭到污水处理厂的污水管道,污水处理厂又到居住区环境设施的回用管道。同时也减少了每户进水管道的尺寸,降低了建造成本。

(6) 家庭优污处理器是我们首次提出并研发的,目前市场上体型最小的,家庭式污水处理设备。其具有尺寸小、功能全、安装简单、运行费用小、设备造价低的特点,同时在工厂像生产家电一样批量生产该设备。畅想未来生活,优污处理器是广大农村和发达城市家庭必备的"家电产品"。

三、小型化家用中水设备的试验研究

近年来,越来越多的多层和高层住宅楼代替了原来的大杂院平房住宅,家庭用水除了日常餐饮、洗涤用水,又添加了沐浴用水、冲洗厕所、擦洗地板等高消耗水的项目。城市用水量逐年加大,对城市供水造成了越来越大的压力。

在水资源日益紧张的今天,如何把生活废水重新利用,已成为实现可持续发展水资源的重要途径。而生活用水回用技术使其成为解决水资源匮乏的重要途径之一。

1. 目前现状

通过对天水市居民用水量调查得知洗澡、洗衣、马桶和厨房用水量较大,其中优质杂排水占比高达61%。由于小区供水系统没有采取中水回用系统,导致居民家庭生活用水使用一次后排走而浪费。有些家庭为了节约用水收集洗衣机漂洗衣物及沐浴之后的排水,用来冲洗厕所或擦洗地板,清洗污物等,虽然在一定程度上节约了水资源,但居民普遍反映废水的贮存量难以控制、使用不便,且存放时间稍久,水会变质散发出难闻的气味。而这部分优质杂排水通常水质较好、便于集中收集,可通过小型化家用中水设备集中处理后再用于冲厕等,实现污水的循环利用。

对以上问题,我们就家庭生活废水净化为中水,对其二次利用进行了试验分析及研究。家庭生活废水水量较大,水质较好且易于处理,使其成为回用水的首要来源,家庭生活废水回用将成为未来家庭节水的目标,也必将成为一种趋势。因此,研究一款处理方法可行、操作简单,安装快捷,运行费用低,处理效率高的家庭中水处理回用设备,既可以节约水资源,又能减少城市排水系统的负担,对控制水污染,保护生态环境,具有良好的社会效益、环境效益和显著的经济效益。

2. 小型家用中水设备现状

家庭生活废水包括洗衣用水、洗菜等厨房、洗澡、盥洗等用水,以上这些用水量占家庭生活用水的绝大部分。而不可忽视的是,卫生间的冲厕用水完全不必用自来水,而可以使用家庭生活处理后的回用水。一般情况下,冲厕用水量平均为 $2m^3/($户·月$)$,而生活中所产生的可回用的废水每月可收集 $3.7m^3/($户·月$)$,远大于冲厕用水量。近年来,随着人们节水和环保意识的增强,引发了社会对于家用废水处理设备的需求。因此,很多小型的家庭生活废水回收再利用设备被设计了出来,如将厨房的洗菜等用水通过管道输送至厕所用于冲厕。此想法虽方便节省,但没有对污水进行任何处理,也不能实现自动化和集成化;另外,还有将家庭生活中产生的洗衣、洗浴、洗菜等水,经过滤网过滤后进入清水侧,再经过水泵泵入方形的蓄水池内,用于冲洗厕所等,此装置虽小型便捷,但在设计中运用了浊度判别器,对浊度较大的污水会自动识别排出不能处理,没有实现真正意义上的污水回用,不易被接受和推广。

3. 小型化家用中水设备的试验研究

根据中水的使用、管理条件和处理效果,分区、分类对城市污水集中处理,统一使用,是一种既节能又确保中水质量的好方法。但是,在目前大多数城市尚没有配套中水规划和投资政策的情况下,加上中水系统管线多,一次投资大,运行成本高等原因,使得城市中水利用范围较小。所以,研究家用中水设备要实现的目标:水处理过程简单有效而且运行成本低,设备体积小,安装、使用方便,维护成本低。

1) 试验材料及方法

试验用原水:家庭洗衣机和淋浴、盥洗废水。

试验水量:以居民用水量调查结果为依据,确定试验用水量为 120L。

原水水质:呈灰白色,浊度>50 度,pH>9.0,$BOD_5 \leqslant 80mg/L$,$COD \leqslant 100mg/L$,$SS < 50mg/L$。

试验方法:集混凝、沉淀、过滤、消毒于一体的物理化学处理法。

混凝剂:聚合氯化铝,对水质无不良影响,对 BOD_5、COD 有一定的去除作用,混凝效果好,价格便宜。

过滤消毒方法:废水通过以特殊材质的滤布和金属网为组件的一级过滤,可对盥洗、洗涤、洗浴等用水过程产生的毛发、纤维杂质等进行截留;然后通过以活性炭及石英砂为填料的二级过滤组件,可吸附去除废水中的色度、BOD_5、COD 等;再通过紫外消毒,可对废水中细菌、病毒以及其他残留物进一步去除。

设备尺寸:1490mm×800mm×1500mm。

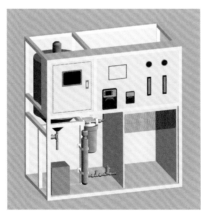

小型化家用中水设备构造简图

2）试验结果

对家庭优质杂排水进行"一体化"处理之后，连续一个月对处理后的中水进行监测。

家庭杂排水出水水质检测结果

检 测 项 目	出水水质	检 测 项 目	出水水质
pH	7.63	溶解性总固体/(mg/L)	989
悬浮物/(mg/L)	13	LAS/(mg/L)	0.104
嗅和味	良好	溶解氧/(mg/L)	1.0
COD_{cr}/(mg/L)	12	铁/(mg/L)	0.03
BOD_5/(mg/L)	3.6	锰/(mg/L)	0.01
氨氮/(mg/L)	0.81		

由测试结果可看出，通过优污处理器处理后的中水水质完全符合城市杂用水水质标准（GB/T 18920—2002）中的冲厕用水标准，不会发生污染环境或影响室内空气品质的不良现象。

综合考虑设备运行过程中电费、药剂费、填料费等成本，得出设备年运行费用为278.12元/年，吨水成本为0.16元/t，以天水市为例，目前居民生活用水的价格在3.5元/t以上，如一个三口家庭，年用水量为120t，采用普通处理工艺年节约费用122元左右，随着城市污水处理费和水资源费的调整，城市综合水价将进一步提高，家庭中水系统的经济实用性也在增加，其推广使用的前景也更光明。

家庭盥洗、沐浴、洗衣物等产生的优质杂排水，其污染杂质一般只占2%～3%，水质相对比较清洁。整个处理过程采用自动运行模式，简单易学，处理效率好，废水回用率高，由于此设备是我们首次提出并研发的，是目前市场上体型很小的家庭式污水处理设备，同时该设备可以在工厂像生产家电一样批量生产，畅想未来生活，家用中水设备将是广大农村和发达城市家庭必备的"家电产品"。

四、节水型免排马桶

1. 发明背景

在新农村改造和精准扶贫政策的推动下，为了提高农民的生活水平，"厕所入室"是必然趋势。厕所入室的突出矛盾就是如何解决污便的排放问题，传统的旱厕无法进入室内，目前唯一的选择是水冲式马桶，但用水又是主要矛盾。

目前，在传统的农村宅院中，厕所仍然以旱厕为主。旱厕都设置在室外，一般设在院子中较偏僻的地方，离主房较远。厕所内设施简陋，不防风不防雨，卫生极差，在大雨天、严寒天和夜晚，上厕所极不方便。特别是年龄较大的农村老年人，如厕已经成为一种痛苦的事情。在农村厕所入室，改用水冲式马桶已经是一个不可避免、需要认真对待的问题。

就冲水式马桶来说，对于偏僻山村，无法解决自来水问题，有很多地方吃水都困难，即便是在家里设置了冲水式马桶，也无水可用，处于闲置浪费状态，没有起到取代旱厕的作用。即使有自来水的村庄，很难保证自来水的充足供应，用水冲厕所仍然是一种奢侈行为。对于不节水的洋式马桶，原来的一担水仅能冲四次，在农村用饮用水冲洗马桶，有一种负罪的感觉。

就冲水式马桶来说,对于经济条件好的村民或城市周边的村民,大部分家庭采用了水冲式马桶,自己在院内建造化粪池,但因场地和后续处理的困难,也带来很多问题。既做不到节约用水,化粪池也无人清理,污水无法并入到城市的污水管网中,直接排放到河流中,造成城市周边环境污染。

目前,在城镇家庭中都装有冲水马桶,劣质污便利用饮用水冲洗,使大量清洁的食用水变成了劣质污水。而且污水大部分做不到处理,直接被排放在河流中,污染了水体,造成了环境极大的破坏。对环境的破坏,污水的影响与白色垃圾不分上下。

为此,我们研发的家庭优污处理器和节水型免排马桶顺势而生,思路是通过研发的两种设备解决家庭节水问题和污水不出户的问题。家庭污水由每户自主处理,达到户户处理优质污水,并使劣质污便打包免排的目的。所发明的两种设备不但适用于农村家庭,而且适用于城市家庭,对厕所来说,是一次最为彻底的"革命"。该思路正好贴合国家关于"厕所革命"的政策要求,对厕所的节约用水和保护环境具有划时代的意义,同时在绿色建筑设计上创造出了一个亮点。

2. 设备系统及构造

节水型免排马桶系统由五部分组成,一是节水型坐便器,二是空气压缩机,三是正负压集便箱,四是高位蒸发池,五是污便打包机。空气压缩机与集便箱组合成一个整体,可放与节水型坐便器置于一起放在厕所,也可以与打包机放打包室,打包室可以与集中热水器结合放在地下室或简易房屋中。蒸发池可设置在屋面顶上,避免异味影响人的活动。

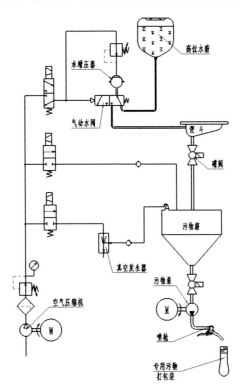

节水型免排马桶原理图

1) 节水型坐便器

该坐便器借鉴飞机和高铁的坐便器,进行研制,具备用少量的水冲洗污便的特点。该设备由不锈钢便斗、高压水喷嘴、自动蝶阀、承压 PVC 连管、高位水箱、自动冲洗控制器组成。

(1) 不锈钢坐便便斗的大小尺寸与民用建筑中常用的小型坐便器尺寸相同,材质为不锈钢。

(2) 高压水喷嘴设置在便斗的内侧上边沿,共 6 个。

(3) 自动蝶阀设在便槽的出口处。

(4) 承压 PVC 连管连接在节水型坐便器和正负压集便箱之间,直径 φ50mm。

(5) 高位水箱容积 25L,每次冲洗马桶耗水 0.6L,可冲洗马桶 40 次。

(6) 自动冲洗控制器,由按钮、电磁阀、定量集水器、集成电路板等组成。

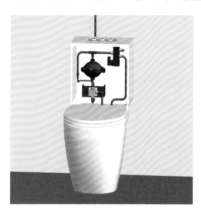

节水型坐便器　　　　　　　正负压集便箱示意图

节水型坐便器

2) 空气压缩机

空气压缩机型号为 GMS750-5L,为节水型坐便器、集便箱、高位水箱提供动力源,其最高压 8kPa。

3) 正负压集便箱

正负压集便箱为圆筒形高压密闭容器,上接 PVC 连管与便斗相连,下接 PVC 连管与打包机相连。其由密闭高压筒、内滤网、排气阀、污水出口阀、粪便出口阀等组成。

(1) 密闭高压筒体,筒体直径 φ600mm,高度 750mm,筒壁厚度 3mm,筒壁与上盖加密封条螺栓连接,筒壁与筒底板焊接。

(2) 内滤网,为一个倒置的圆台壁面不锈钢网罩,网罩上口直径 φ380mm,下口直径 φ200mm。

(3) 排气阀,上盖设置两个排气阀,不锈钢材质,为 G1/8″DN4 型号的电磁阀。

(4) 污水出口阀,设在筒壁下侧,不锈钢材质,为 G1/2″DN5 型号的电磁阀。

(5) 粪便出口阀,设在筒底中央,不锈钢材质,为 G1/2″DN50 型号的电磁阀。

4) 高位污水蒸发池

高位污水蒸发池的材质为玻璃钢,尺寸为 1.5m×1.5m×0.6m,容积为 1.08m³。

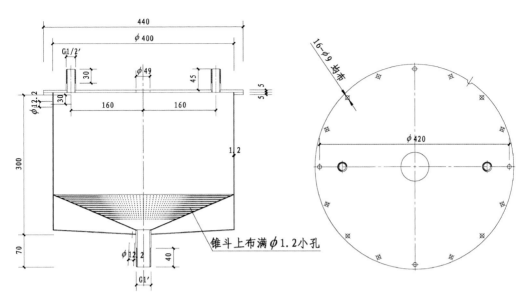

正负压集便箱图

5）污便打包机

污便打包机是由喷枪和自动封盖机组成。

（1）喷枪为口径 30mm 的,喷嘴承压 10kPa。

（2）自动封盖机是由打包袋口夹持器、密封盖机械手构成。

（3）打包袋为成品定做,规格为 5L,材料为高分子聚氯乙烯可降解材料,该袋子由工厂定制,关键技术为自动封口。

3. 工作原理

节水型免排马桶系统的工作原理:当一次排便完后,按下按钮,高压水喷嘴喷出少量的水,对污便进行水封,延时 3s 后电磁蝶阀自动打开,由集便箱传来的负压将污便吸入集便箱,而后高压喷嘴再对便槽进行清洗,之后关闭电磁蝶阀。

污便进入集便箱后,在箱底正压的作用下进行固液分离。在集便箱的下盖设置 6 个高压喷气嘴,每便自动喷气一次,这样不但加速便液的分离,而且起到防止污便黏着在内壁上的作用。在集便箱的上部设有负压接口,待以上工作完成后,给集便箱施加负压,为下次吸便做准备。

对于集便箱分离出的污水,当积累到一定程度时,可在集便箱内自动施加正压,直接压入设在屋顶的蒸发池中,进行自然挥发。按照天水的气候条件 1.0m² 的挥发面积,至少可挥发掉一家 5 口人 1 天产生的污水。该方法虽然是来自传统的方法,但不失为目前农村解决污水的一种好办法。

待污便浆积累到一定程度后,为容器的 80%,集便箱发出警示信号,并在集便箱内自动施加正压,使便泥通过喷枪挤入打包袋内,打包袋由自动封口机加盖封盖,完成打包过程,实现污便免排的目的。

4. 设备优点

（1）节水型免排马桶用水量非常少,从而减少水资源的浪费。该设备主要特点是用在马桶的排污管道内增加负压吸便,每次用水量仅为 0.6L,是传统马桶的 1/10。

(2)节水型免排马桶将污便打包处理,替代了污水用管道排放的传统方式,消灭了住户内的排污管道。从而消灭了为水冲式马桶配备的化粪池,也消灭了排向污水厂的污水管道,也减轻了污水处理厂的污水处理压力。

(3)在农村,生活污便打包处理的措施,为农村新建房"厕所入室"的需求提供了条件。同时,消除了村庄空气中来自旱厕的有害气味,有利于推动农村居住环境条件的提升;消除了需要强壮劳力清理厕所的难题,有利于农村居民的生活品质的提高。

(4)打包后的污便还可有效地进行后续处理,集中收集后在工厂内成规模的加工成为有机肥料,或者农民可以将打包后的污便运送到田间地头堆肥,给自己的耕地直接提供有机肥料。用有机肥料取代化肥,减少化肥的使用,从而减少因使用化肥而带来的一系列问题,特别是过量的使用化肥对粮食品质产生的危害。

(5)免排型节水马桶系统的设备可分为三个组件,即节水型坐便器部分、集便箱和空压机部分、自动打包机部分。后两部分可以灵活布置在农村院子和房子的任何一处。该三部分可在工厂中分别集成制作,其构造简单、造价较低,一般用户容易接受。

5. 家庭污水处理的革命

针对绿色农宅的用水问题,我们研发了前述的两个产品,即优污处理器和节水型免排马桶,成功地解决了农村新建房屋"厕所入室"的问题。同时,针对天水农村缺水的问题,针对农村没有能力建造污水管网的问题,针对农村无法解决污水排放的问题,在农村每家安装优污处理器和节水型免排马桶,可以彻底解决这几个难题。

(1)家庭优质污水处理器将家庭中的洗浴、洗衣服、厨房用水进行处理回用,可减少 2/3 的家庭污水排放,除一部分作为冲厕,其他作为院内的清扫、浇花用水,甚至供给农田作为灌溉用水,或供给村内绿化用水及消防水池蓄水。

(2)家庭节水型免排马桶为节水型马桶,可用优污处理器处理的中水的一小部分作为冲洗马桶用水。同时对家庭中的生活污便实现"足不出户"的处理,消灭了建楼时需要埋置排水管的问题。

(3)优污处理器所处理的中水,用于家庭冲洗厕所,可节省冲洗厕所用的洁净水,这样可以节约家庭 1/3 的用水。该设备不但可以用在农民住房,也可以用在城市住宅,对于每一户来说节约 1/3 的用水节水明显,减轻北方城市日趋紧张的供水压力,保护了环境。

(4)因为使用家庭优污处理器,及免排型节水马桶系统,污水处理由分户承担。在农村解决的排污的投资困难,消灭了污水乱排乱放的现象,从而消灭了村内道路上的臭气。

(5)因为使用以上系统,在城市住宅中消灭了下水管及化粪池,减少了城市排污管道的密度。绝大部分的污水在家庭得以处理,降低了城市集中污水处理的投资和运行压力。

(6)节水型免排马桶最理想的适用场地:城市中人流集中的地方,名胜景点,飞机、火车、大巴车内、流动厕所等。该产品用水极少,使用便利,用途广泛,是一个前景非常好的绿色环保产品。

(7)极大地保护了环境,城市居民用水占总用水的 70%,从以上两个设备可综合减少居民用水量 50%,对城市来说可节约 35% 以上的用水,可降低水源开采量,从另一个角度来说也是保护了环境。

第二节　绿色农宅暖通

一、天水农宅采暖现状

随着人民生活水平的不断提高,新农村建设、城镇化建设、城市棚户区改造不断实施,但在经济比较落后天水地区,新农村建设在规划、设计和施工上还存在着许多不足之处,特别是农宅采暖上,热源的选择及末端设备的利用效率很低。我市农宅建设还比较滞后,村民所建新房室内居住环境较差,特别是对冬季采暖不够重视,甚至不予考虑。

1. 张吴山村采暖现状调查

张吴山村有张家山、吴家山和鸡儿咀 3 个自然村,共 183 户。2018 年年初,我们通过对张吴山村冬季采暖情况的调查,其冬季取暖方式分为 3 种:

(1) 主要以燃烧煤炉取暖占 50%,每年户均消耗燃煤约 3t,冬季燃煤采暖时可兼做烧饭炉灶,也可用煤来烧炕。加之因农村房间四周封闭不是太严实,屋面保温又不好,其煤炉的采暖效果较差,并且一个炉子仅供一个居室使用。

(2) 主要以农作物秸秆取暖占 15%,张吴山村苹果、大樱桃等果园种植较多。因此,部分村民冬季利用树枝烧炕或烧炉子取暖,污染严重,采暖效果较差。

(3) 用市电局部取暖占 5%,采暖形式是在炕上铺设电热毯,或在房间放置小太阳补充取暖。

同时,据调查张吴山村有 30% 的居民,冬季或常年居住在城郊经适房或外地。这些居民都在张吴山村有院房,常年处于半空置状态。

2. 天水市农村采暖情况调查

目前,天水农村主要受经济收入水平的限制,建造房屋仍然以传统的方式进行,所建房屋居住环境较差,使用功能缺失,特别是采暖形式比较原始。农民过冬用柴或煤烧炕仍然十分普遍,采暖热源主要是以煤为主,取暖设备五花八门,如此粗放的采暖形式导致能源浪费及环境污染。

经调查表明,天水农户冬季采暖所消耗的燃料中烧煤约占 60%,主要是每个居室都使用煤炉分散式取暖;烧柴约占 20%,主要是房间内直接烧柴取暖;用市电约占 10%,主要是在炕上铺设电热毯取暖。

调查统计得出,平均每户一个采暖季用煤约为 3000kg,同时耗电约为 400 度。村民住宅冬季采暖主要以煤炭、树枝为燃料的火炕取暖。

由于农村住房结构多为"土坯＋砖木房"和砖混房,房屋围护结构热工性能较差,房屋密闭性不好,虽然耗能较多,但采暖效果不理想,造成能源浪费和空气的污染。

3. 发展趋势

近几年来,在国家节能政策的引导下,冬季农村采暖形式及热源燃料的种类有所变化,出现了生物质秸秆、太阳能光伏发电、空气源热泵等多种能源方式。但仍以燃煤为主,发达或较发达地区雾霾已严重影响了人们的正常生活。

为此,国家相继出台了相关环境治理方案及法规。北京、山东、河北等地均已开始对农村进行采暖"煤改电""煤改气"等方式的改造。反观天水的农村地区,农村建设中对采暖形式不够重视,其主要原因是农民的经济能力较差,无法更新价格较高的采暖设备;同时目前采暖设备质量差异较大,功能单一,运行费用高,性价比低,使购买者难以接受。

如何解决农宅的供暖热源及末端设备,是我们设计农宅时首要解决的问题,针对张吴山村一、二号院的设计探讨得出,采用太阳能光伏板为主要热源,生物质秸秆燃料作为辅助热源,可有效解决农宅采暖的热源问题;利用软式采暖器取暖是农宅中末端设备的最优选择。

二、供暖形式探讨

1. 热源形式的探讨

从目前现状来看,我国农村的供暖几乎没有集中热源,均为用户独立自主无序的选择热源形式,尤其以分散式燃煤炉取暖最为普遍。这样纷乱的采暖方式致使采暖效果较差,易产生有害气体而危害人体健康,需要不断添柴加煤,使用不便。目前,国家对小型煤炉的使用有一定的限制,导致小型燃煤炉的慢慢减少,这样进一步加剧了农村冬季采暖的矛盾,使得这一问题越来越突出。

近年来,在各方面因素的相互促进下,出现了许多新型能源,如生物质热能、地源热能、空气源热能、水源热能、太阳能、风能、天然气、沼气等清洁能源,并不同程度地应用在农村采暖上。但是,因受到多方面因素影响,清洁能源在农村采暖的应用上并不是很顺利。

太阳能是个非常经济价廉的清洁能源,农村对于太阳能的利用历史较早,但大多数为采用太阳灶烧热水,其利用行形式过于落后,很少用于冬季采暖。太阳能光伏板是一种较为先进的技术,虽然农村得到了一定应用,但因技术性强,系统配套不完善、设备成本昂贵等因素,使得其冬季采暖上推广不理想。

空气源、地源、水源、生物质能因制取方便不受限制,宜作为农村集中式供暖的热源。但投资大,运行费用高,运行管理难度大,在农村推广并不普遍。通过性能和价格的比较,太阳能、生物质能源、空气热源的性价比较好,是目前农宅取暖比较可靠的清洁能源。

2. 一、二号院的采暖形式

2014 年,我院在张吴山村兴建了一、二号示范性绿色农宅,外墙为黄土泥秸秆树脂免烧生态砖空斗夹芯墙,空斗内填有经防腐处理的秸秆,墙厚达到 500mm,接近传统土坯外墙的厚度,墙体内外表面采用黄土泥秸秆树脂墙体粉刷材料粉刷。这样的墙体和传统农宅一样,有较好的保温隔热性能。地面做保温防潮处理,屋面用黄土泥秸秆保温材料做保温,门窗为断桥铝合金中空节能门窗。该房屋的四周围合材料,是按照绿色建筑标准来确定保温材料的厚度,比传统土木结构农宅围合得更加密实,保温性能也更好。

针对该示范农宅的采暖热源问题,我们在一号楼的厢耳房内设有一个集中热水器,该热水器主要通过太阳能光伏板+生物质秸秆燃烧炉进行加热。热源以太阳能为主,生物质秸秆颗粒燃料为辅,热水蓄水箱体积为 $1.5m^3$,该容量可满足 $1000m^2$ 的农宅的供热和生活用水。

该集中热水器由院外设置的 10 块太阳能光伏板提供电能,将光伏板所产生的电能全部转成热能,进行储备。该热水不但能用来采暖,还能用于家庭的热水系统,作为洗澡、做饭、洗漱等日常生活用水。

集中热水器在太阳光线充足的时段,用太阳产生的电能加热集中热水器中的水,同时生物质秸秆燃料仅作为储备燃料;当太阳光线不足时,集中热水器除电能加热外,还须通过生物质秸秆燃料补充加热;当室外条件达到极端情况时,可用储备的生物质秸秆燃料对集中热水器中的热水进行加热。

一、二号院室内采暖终端,采用低温热水辐射地暖,热水通过小型管道循环泵循环动力系统,使终端与热水进行循环。

3. 三号院采暖形式

三号院主楼继承了传统房屋的墙体做法,本着充分利用黄土这一随处都有的材料,楼房的外墙、地面、屋面的全部外围护结构,都是以黄土为主要材料的建筑材料围合,体现了整个房间用黄土围合的设计理念。该楼房外墙是用 500mm 黄土泥秸秆树脂免烧生态砖砌成的复合墙,保温节能性能良好,适用于寒冷及严寒地区;屋面采用 300mm 黄土泥秸秆树脂屋面保温材料,隔热防寒性能良好;设置地下夹层,其特点也是充分利用了黄土和空气夹层保温、隔潮的性能。可以看出该楼房外墙和屋面较厚,地面以下也采取了多道防潮处理措施,楼房的四周被黄土为主的建筑材料围合。

地下室和屋面都设计有空气夹层,起到调节温度的作用,使房屋的保温性能接近被动式建筑。

综上所述,采用一种环保、节能、适用、经济的能源及末端采暖设备,即太阳能光伏发电+生物质燃料+软式散热器末端所构成的供暖系统,是天水农村地区"煤改电"的重要途径。这样的采暖系统,包括建筑的围护结构、热源来源、供暖系统运行均无污染。该系统运行能耗低,采暖效果良好,室内空气优,运行可靠,操作管理简单,维护及初期投资成本较低,具有较好的应用前景。

三、软式散热器

目前,楼房内普遍采用的采暖形式,为低温热水地板辐射。虽然,散热效果良好,但问题较多。一是,无法进行室内换气,不能改善室内空气质量;二是,系统运行几个供暖季后,便需要专业人员、专业设备冲洗维护,费用较高;三是,室内暗埋盘管若有管道破损,无法修复;四是,该系统需室内设置分集水器占用一定的室内空间,影响室内美观。

同样,其他传统散热器采暖系统,也仅能保证室内采暖要求,无法进行室内气流组织,无法实现制冷。并且在室内需明设管道、散热器,占用室内空间,影响室内美观。

针对以上问题,我们发明的软式散热器基本功能有三项:一是,采用细软盘管给房间散热采暖;二是,也可以采用细软盘管给房间制冷降温;三是,挂在窗户上,通过微型电扇通风换气,以提高室内环境的质量和舒适度。

1. 软式散热器的构造

软式散热器由三部分组成:一是细软盘管散热片,二是通风辐射片,三是热水管的即插即用型接口。

1）细软盘管散热片

细软盘管散热片由细软的硅胶盘管和固定盘管的密目钢丝网构成,盘管可绑扎或卡扣在钢丝网上。细软硅胶盘管直径为8mm,管壁为0.8mm,盘管间距50mm;钢丝网中钢丝直径为1.0mm,密度为6目。盘管与钢丝网的固定用塑料扎带或微型卡簧。盘管两端伸出部分均连接即插即用式热水插头。

2）通风辐射片

通风辐射片由微型风扇和反射膜构成。具体做法是,将微型风扇镶嵌在反射膜上,固定微型风扇时将风扇的进风口固定反射膜的背侧;在风扇的进风口处,设置可拆洗的过滤网罩。微型风扇的规格为40mm×40mm,DC 5V0.1A,风扇间呈矩阵形或梅花形布置,其间距120mm;反射膜为铝箔无纺布半柔性薄膜,该材料是在无纺布上涂一层铝膜,表面光滑形成镜面,能够很好地反射热量。

3）即插即用型接口

软式散热器散热盘管与供回水连接,采用即插即用型接口。该接口的插头与散热盘管的端部连接,插座与供回水管连接。使用软式采暖器时,插头直接插在插座上,即可获得热水。插头和插座内均带有自动闭合阀芯,以防止在插拔时液体漏出。该接头安装省时省力,操作简单,安全可靠。即插即用型接口是软式散热器专利的子内容。

软式采暖器的产品规格:宽度 900mm、1200mm、1500mm、1800mm、2100mm,高度 2100mm。

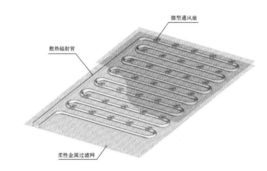

软管及散热器

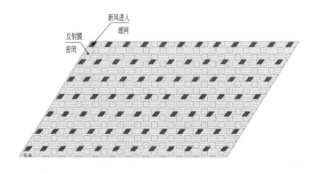

微型风扇布置图

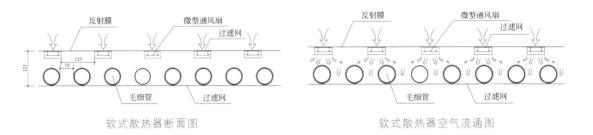

软式散热器断面图　　　　　　　　　　软式散热器空气流通图

2. 软式散热器的工作原理

该设备采用低温热水为热媒,其供水温度 50℃,回水温度 40℃,通过散热盘管向室内辐射热量,保证室内采暖温度在 18℃ 以上。其工作原理:细软盘管可向铸铁管一样自动散热,同时通过微型风扇加速热量流通,再通过反射膜反射散热。

另外,设备安装在窗口时,散热片外侧的辐射片上的微型风扇,能起到室内外空气的换气作用;该设备安装在内墙或者隔断上时,可以在室内进行空气内循环。通过室内空气循环可以改变室内温度梯度,提高室内空气质量。

3. 软式散热器的特点

(1) 所谓软式,就像窗帘一样,使用时可以悬挂起来,不用时可以收卷起来比如利用窗口、门洞、外墙内壁上空余的位置。悬挂该散热设备,冬天可以采暖,夏天可以制冷。

(2) 在室内设置较多的冷热源接口,该设备安装便捷,即插即用,达到像取电一样取水。

(3) 室内放置位置灵活,可多用途使用,还可用作为室内装饰挂件。

(4) 工程建造时只做入户管线和接水插座,减少因完善采暖造成的冗余投资。

(5) 该设备能够组织室内空气,改善室内温度环境,即减少室内垂直方向上温度梯度,提高室内舒适性。

(6) 本设备能实现模块化生产,具有运输方便、安装快捷及维修方便等特点。

4. 试验结果

2018 年 10 月 20 日至 2019 年 1 月 17 日的采暖季,我们在一号院的一侧厢房室的外窗内侧,安装了一片软式散热器。该厢房尺寸为 3m×6m,设有一个外窗和一个内门,房间面积是 18m²。用来做试验的软式散热器的尺寸为 1.5m×2.1m。

通过集中热水器供热,对该房屋的热环境进行了测试。经过一个冬季的数据监测,供暖期间不采暖时室内温度平均约为 13℃,软式散热器运行两小时,即可使室内温度从 13℃ 提升到 18℃。通过一个冬季的运行,该产品使用效果良好。

四、空气源热泵在绿色农宅中的应用

1. 空气源热泵技术介绍

空气源热泵以极少的电能,吸收空气中大量的低温热能,通过压缩机的压缩变为高温热能,能耗低、效率高、速度快、安全性好、环保性强。作为以热水为热源的小型供暖系统它具有无以比拟的优点。但空气源热泵的一个主要缺点是供热能力和供热性能系数随着室外气温的降低而降低,所以它的使用受到环境温度的限制(一般适用于最低温度在 −10℃

以上的地区)。将热泵技术与太阳能结合供应热水,这样空气源热泵无疑就是一种比较理想的辅助加热设备。空气源热泵的设计条件更严格一些,即低温环境下制热效果有衰减,但通过喷液增焓或变频技术后一样可以达到和地源水源热泵相似的制热效果。因此,空气源热泵技术的优势更为明显:一是安装方便,二是初期投资少,三是运行管理方便。

热泵组成四大件——蒸发器、压缩机、冷凝器和节流装置。机组运行基本原理依据是逆卡循环原理,液态工质(制冷剂)首先在蒸发器内吸收空气中的热量而蒸发形成蒸汽(物质汽化需要吸热),汽化潜热即为所吸收的空气中的热量,而后经压缩机压缩成高温高压气体,进入冷凝器内冷凝成液态(物质液化需要放热)把吸收的热量(吸收空气中的热量)传输给水,然后液态工质(制冷剂)经膨胀阀降压膨胀后重新回到蒸发器内,吸收热量再蒸发而完成一个循环,如此往复,不断吸收低温源的热而输给所加热的水中,直接达到水需要预定的温度。

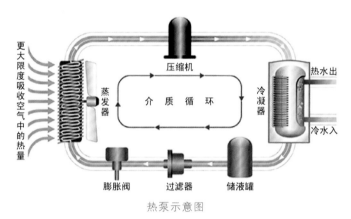

热泵示意图

具体来说,就是"室外机"作为热交换器从室外空气吸热,加热低沸点工质(冷媒)并使其蒸发,冷媒蒸汽经由压缩机压缩升温进入水箱,将热量释放至其中的水并冷凝液化,随后节流降压降温回到室外的热交换器进入下一个循环。简单来说,是吸收空气中的热量来加热水。

2. 绿色农宅中应用及测试

1) 课题研究的主体

本课题选择张吴山村一号绿色农宅为研究实验对象。一号农宅采暖区域有主房、耳房、东西厢房以及过道等共计建筑面积 $155.12m^2$,考虑农宅外围护结构的保温层采用麦秸秆原材料加工成型,两侧为 120 厚免烧生态砖,这种外墙夹芯保温体系有以下优点:麦秸秆填充在外墙中间,不仅能够使麦秸秆充分发挥保温隔热的作用,又能避免外界环境的干扰,进而改善墙体保温性能,节能效果好;设计热指标:$35W/m^2$,总热负荷为 5429.2W 设置一台国产某品牌的额定制热量为 6kW 的户式空气源热泵机组,室内末端为地暖。

农宅采暖系统形式为空气源热泵(采用变频技术+机组内水模块换热器+机组内置循环泵)+低温热水地板辐射+软式散热器的室内供暖形式。其中,西厢房 1# 房间采用软式散热器,其余房间均为低温热水地板辐射采暖形式。空气源热泵设置在西厢房外侧。

热源参数:空气源热泵提供供水温度 55℃ 的热水,经过室内末端设备散热后,回水温度为 45℃。

2）绿色农宅的空气源热泵效果测试

一号院在 2019—2020 年采暖期运行测试数据：用电量以天为计量，以月为总计量，室内温度按每天进行测试。

2019 年 12 月份、2020 年 1 月份及 2 月份总用电量分别有 635 度、1029 度和 1230 度。

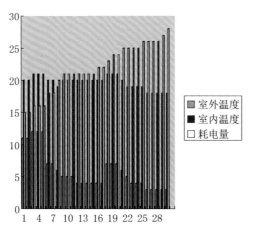

2019 年 12 月份室内外温度、耗电量柱状图

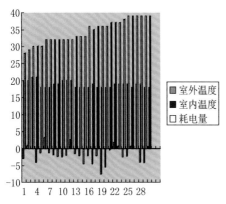

2020 年 1 月份室内外温度、耗电量柱状图

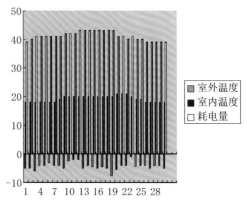

2020 年 2 月份室内外温度、耗电量柱状图

测试条件说明：室内末端形式为低温热水地板辐射供暖系统。采用红外线自动测温计测量室内、室外温度。设置空气源热泵独立用电计量表。测试时间为 2019 年 12 月 1 日至 2020 年 3 月 30 日共计 4 个月。2019 年 12 月份室外平均温度为 8℃，2020 年 1 月份室外平均温度为 2℃，2020 年 2 月份室外平均温度为 −4℃，2020 年 3 月份室外平均温度为 4℃。其中 2020 年 2 月份室外平均空气温度为 −4℃ 为采暖期室外平均温度最低月份。

根据以上数据统计表情况可知：空气源热泵机组耗电量随室外空气的降低而增加，同时当温度低于 4℃ 时，耗电量增加较多，即效率衰减较快。整体情况而言，采用空气源热泵系统完全满足设计要求，即保证室内温度 18℃ 的要求。

机组除 2019 年 12 月份和 2020 年 3 月份外全天候开启，2019 年 12 月 15 日之前和 2020 年 3 月 10 日之后开启时间段为晚上 7 点至早上 11 点。室内温度设置不低于 18℃。日平均耗电量为 61.8 度，时平均耗电量为 2.5 度。电价为农用电价 0.54 元。总运行费用为 4001.9 元,日运行费用为 33.3 元,采暖费用为 14.29 元/m^2。采暖费用远低于市政集中供热费用(民用费用为 23.2 元/m^2)。

3. 结论

根据实际试验运行测试结果可知,空气源热泵应用于绿色农宅具有相当客观的前景,主要优势有:

(1) 运行费用远低于集中供热费用,采暖费用约为 15 元/m^2。

(2) 空气源热泵无污染,减少了燃煤、柴等产生的一氧化碳、二氧化碳等有毒气体和温室效应气体。

(3) 运行管理方便,空气源热泵采用全自动运行控制,无须专业人员操作,相对于传统家用燃煤系统运行操作方便。一般燃煤炉运行时每日运行时段需每 3~4 小时添加燃料一次,冬季运行尤其是晚上极为不方便。

(4) 节能,空气源热泵采用了较少的电制取空气能用于室内供暖。相对于传统的燃煤供暖节能。

此外,本次费用未考虑国家相关优惠政策,若考虑峰谷电价补贴,峰谷电价时段:晚 11 点至早 7 点为谷价,0.31 元/度;早 8 点至晚 10 点为峰价,0.54 元/度。根据本次试验测试情况,机组大多在晚 10 点至早 8 点之间运行较多(2019 年 12 月份和 2020 年 3 月份上午 11 点至下午 4 点之间几乎不运行)。即按照全天运行,总费用为 3362.7 元,平均为 12 元/m^2。运行费用远低于市政集中供热费用(天水市为 23.2 元/m^2)。

综合空气源热泵在绿色农宅中的测试情况,空气源热泵应用于绿色农宅具有相当可观的前景。

第三节 绿色农宅电气

一、光伏发电在绿色农宅中的应用

随着国家经济的快速发展,人们对能源的需求日渐高涨,面对有限的能源以及严峻的能源消耗形式,国家和地方政府在大力倡导节约能源的同时,也在积极鼓励推动可再生资源的应用。光伏发电系统作为利用可再生资源且可持续发展的新技术,既给人们带来了自然舒适的使用感受,也体现了该技术的应用在经济效益、节能效益及环保效益方面的巨大意义。

我国于2006年1月1日起实施了《中华人民共和国可再生能源法》,2020年4月,国家能源局发布了《关于做好可再生能源发展"十四五"规划编制工作有关事项的通知》,将推动"十四五"期间可再生能源成为能源消费增量主体,为实现"2030年非石化能源消费占比20％"的战略目标奠定坚实的基础。另外,甘肃省作为全国光伏发电规划重点地区,《甘肃省国民经济和社会发展第十四个五年规划和二〇三五年远景目标纲要》提出,将持续扩大光伏发电规模,推动"光伏＋"多元化发展。根据国家能源局公布的数据,截至2020年底,全国光伏发电装机达到2.68亿kW,2013—2020年,全国光伏发电累计装机容量实现超10倍增长。但是,从能源转型角度,碳达峰、碳中和目标来看,太阳能光伏发电规模离目标还很远。2020年全国太阳能累计发电量达到1307.61亿kW·h,全社会用电量75110亿kW·h,光伏发电仅占1.7％,占比仍非常小。

1. 光伏发电系统原理及构成

光伏发电是利用半导体界面的光生伏特效应而将光能直接转变为电能的一种技术。白天,在光照条件下,太阳电池组件产生一定的电动势,通过组件的串并联形成太阳能电池方阵,使得方阵电压达到系统输入电压的要求,再通过逆变器的作用,将直流电转换成交流电,最后达到给家用负载供电的目的。

主要由太阳电池板(组件)、控制器和逆变器三大部分组成。

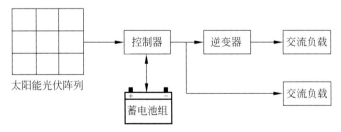

绿色农宅光伏发电系统的主要结构图

2. 光伏发电的特点

太阳能是用之不尽,取之不竭的能源,它具有无枯竭危险,绝对干净(无公害),不受资源分布的地域限制,可在用电处就近发电,能源质量高,使用者在感情上容易接受,获得能源花费的时间短的优点。但也存在一些缺点:照射的能量分布密度小(即要占用巨大的面积);受季节、昼夜及阴晴等气象条件的有关影响较大。

3. 绿色农宅中光伏发电的应用

1)项目概况

项目组选取张吴山村一号院子作为试点宅用基地进行光伏发电设计研究,建设地点位于太京镇张吴山村。一号院子主要用电设备有照明灯具、冰箱、洗衣机、电磁炉、电脑等。

项目所在地处于东经 105°72′49.98″,北纬 34°57′85.29″,属于Ⅱ类资源区,日照条件较为充足,太阳能资源相对比较丰富,年均日照小时数为 2100h,日照百分率在 46%~50%,春、夏两季分别占全年日照的 26.6%和 30.6%,冬季占 22.6%,年均水平面太阳总辐照量为 1475kW·h/m²。全年平均气温 11.4℃,年极端气温最高 38.2℃,最低−19.2℃。

2)发电系统设计

(1)系统选择

本案例为家用独立光伏发电系统,安装容量为 3kWp,运营模式为自发自用。光照正常时,光伏发电系统与电力系统分离,直接向负载供电;当日照不足,夜间、阴雨天时,由配备的蓄电池组向负载供电。

系统采用组串式家用型单相并网逆变器,三路 MPPT 输入,逆变器自带输入,输出开关和电涌保护器,输入输出侧不再另设汇流设备和电涌保护装置。

光伏方阵为 2 串,每串 5 块组件串联,光伏方阵共安装 10 块组件,本工程采用光伏组件为单晶硅组件,每块组件最大功率 305Wp,组件尺寸为 1648mm×990mm×40mm,使用年限为 25 年。

组件安装正南朝向,在院子外支架安装,按照倾角 27°设计,左右 0.5m,前后排间距3.5~4m。

现场安装图

(2)蓄电池组选型与设计

蓄电池的容量表示在一定条件下(放电率、温度、终止电压等)电池放出的电量,即电池的容量,蓄电池工作电压有 2V、6V、12V 三种。

蓄电池的容量选择与很多因素有关,主要有日负载需求、蓄电池最大放电深度、独立运行天数、安装地环境温度。

张吴山村一号院子设计了独立式光伏发电系统,夜间或者阴雨天时,安装了蓄电池组给其负载供电。

共需 8 个蓄电池组,性能参数如下:铅酸蓄电池组;电池容量:12V/200Ah;尺寸:488mm×170mm×210mm;质量 50kg。

经过分析,所选用蓄电池组容量可满足用户用电器在连续阴雨天使用 3d。

3)主要设备参数

光伏组件采用单晶硅光伏组件。

光伏组件主要技术参数表

最大功率/Wp	305	组件转换效率/%	18.7
最佳工作电压/V	32.8	最大系统电压/V	1000
最佳工作电流/A	8.2	串联最大熔丝电流/A	15
开路电压/V	37.15	工作温度/℃	−40～+85
短路电流/A	8.63	尺寸/mm×mm	1648×990

逆变器具有过载、短路、电网停电、电网过欠压、电网过欠频、防孤岛保护、极性反接保护、对地绝缘监测、直流过压、过流保护、模块温度保护等功能。

逆变器主要参数表

逆变器种类	TB01	额定交流输出功率/W	3000
最大直流电压/V	600	额定交流电压/范围/V	180～276
MPPT 电压范围/V	110～560	最大效率/%	97.5
最大直流输入功率/W	4000	防护等级	IP65
最大直流输入电流/W	10	可选通信方式	GPRS/WIFI

4)光伏发电效益分析

张吴山村光伏发电系统实际实测发电量统计表

日最高发电量/度	日最低发电量/度	起止时间	统计天数/d	累计发电/度	日平均发电量/度
18/d 2019.7.25	0.6/d 2018.11.16	2018.10.28～ 2019.10.28	365	3796	10.4

经济效益上,本项目全年累计发电量为 3796 度,天水地区的电价为 0.51 元/度,则全年可节省电费 1936 元。本项目光伏系统安装成本为 1.8 万元,预计约 10 年收回成本。电站使用年限一般为 25 年左右,回本后仍有 15 年的较长纯收益期,收益大概有 29040 元。所以,本项目光伏系统可以产生显著的经济效益。

节能环保效益上,根据国家发改委提供的数据,1t 标准煤的发电量是 3000kW·h,同时排放 262kg 的 CO_2,8.5kg 的 SO_2,7.4kg 的氮氧化物。本设计的年发电量为 3796kW·h,因此相当于每年节省了 1.27t 标准焊的燃烧,CO_2、SO_2、氮氧化物的减排量依次为 331.5kg、10.8kg、9.36kg。考虑到本系统最多可以使用 25 年,则总共可节省燃煤 31.6t,CO_2、SO_2、氮氧化物的减排量依次为 8.29t、0.27t、0.23t。由此看出,当大规模发展屋顶分布式光伏发电系统时,可以有效减少煤炭等化石燃料的消耗,同时大大降低 CO_2、SO_2、氮氧化物等污染物的排放,有着很好的环保效益。

二、绿色农宅智能化设计

智能化家居系统的应用,以及物联网技术的快速发展,给人们的日常生活带来了极大的便利,也改变了传统的家庭生活模式。

Wi-Fi 是一种高频无线电信号,是一种通过无线电波传输数据的无线连接技术。它可以将个人电脑、手机、PDA 等终端设备用无线的方式互相连接起来,运用 Wi-Fi 技术可以消除网络的有线连接。

绿色农宅设置集中 Wi-Fi 的目的,就是要在绿色农宅内部,建立起一个无线通信局域网络,也可以通过 Wi-Fi 接入 Internet 网络,将各类家居设备互相连接起来,实现在 Internet 上对家居的无线控制。设置集中 Wi-Fi 技术,作为绿色农宅的一个重要绿色指标,最能体现绿色农宅智能化的特点。

绿色农宅使用集中 Wi-Fi 技术,使得家庭弱电系统无线化,减少了该部分线路传统的埋线施工,也为将来房子的二次改造装修减少了走线的麻烦。

1. 基于 Wi-Fi 技术的智能化控制系统

基于 Wi-Fi 技术的智能化控制系统,我们已经应用到示范农宅三号院中。由 Wi-Fi 技术控制的智能家居,为人们提供一个安全、方便和高效的生活环境。同时,根据住户对智能化家居功能的需求,整合最实用、最安全、符合住户生活个性化的家居控制功能,包括智能家电控制、智能灯光控制、防盗报警、燃气泄漏预警等,同时还可以拓展诸如定时唤醒、视频点播、窖水控制、集中热水器开关和污便打包预警等服务。控制方式有现场遥控、手机远程控制、感应控制、定时控制等,使人们摆脱烦琐的操作,提高效率。

2. 设备安装

三号院中,客厅、卧室、厨房、厕所和设备房内,均在家具无遮挡的地方,距地 30cm 处的墙面墙上,均设置有面板 AP。配置时先从室外电信网络引入光纤进入三号院弱电箱的光猫。光猫的 LAN 口接 9 口千兆路由器的广域网口(WAN 口),再将超五类屏蔽双绞线各个房间面板 AP 相连。住户可通过手机、电脑、平板等无线设备在各房间无线上网。

3. 绿色农宅的应用

绿色农宅三号院所有家居都装 App 接收器,通过 App 实现对其家居的控制,App 的信号通过家中集中 Wi-Fi 来传送。目前,已经可用手机通过 Internet 来远程控制,也可以通过手机在家中任何一处进行控制,实现集中管理。

例如,家庭照明、电视、音响可以根据个人需求,达到不同的情景效果。比如预先设置"回家模式",在打开门的时候,需要打开的灯光自动亮起,电视机处于待机语音唤醒状态,音箱播放音乐,各种需要打开的家居设备也会自动打开。

在到家前一小时通过手机打开家中的通风换气开关,冬天时打开软式采暖器开关,通过温控器实现对采暖器的温度控制;需要洗浴时提前打开热水器的自动加热开关等,并把

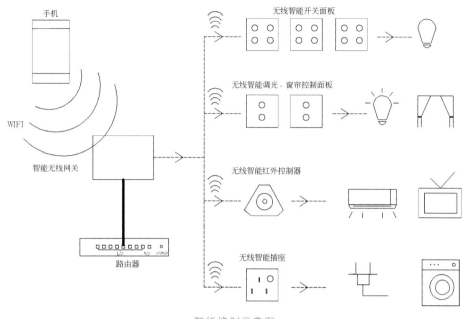

智能控制示意图

各种设备的用电能耗进行统计,使用户通过手机能直观地看到。

还可以实现手机实时视频监控,实时监控你的家居,从玄关、走廊到客厅整个区域的状况,并将信号输入控制系统及互联网。无论是躺在卧室还是外出度假,你都可以随时查看。另外,厨房加装煤气探测器、火灾探测器(例如烟感)形成 24 小时安全防护。

同时,院区可以分三道防线,室外周界安装红外对射形成第一道防线;大门、窗户等安装门磁或者幕帘探测器组成第二道防线;室内重要区域安装双鉴入侵探测器,形成第三道防线。三道防线均与手机相连,可随时掌握家中的安全情况。

另外,农宅院内的水窖中设置水质及水位监测仪,院内设置雨量采集器,进行对水质、水位以及暴雨的监测,从而通过手机对用户进行报警。

三、线路插座与建筑构件一体化技术

随着人们生活水平的日益提高,人们对居住环境的美观实用和舒适便捷的要求也越来越高,使用的电器设备越来越多。传统建筑的电器线路走线,多为预埋在墙体、楼面和屋面板中。而预埋好的线路为固定位置取电,一旦线路布置完成,便无法再改动墙壁插座的位置。如果想在不同的位置取电,就需要走明线或重新开凿墙体,进而对线路重新布置。若采用明线布置,既影响室内整体家居风格的美观,又存在安全隐患;若重新开凿墙体再次布线,消耗大量的人力、物力,也浪费了宝贵的时间,成本高,施工影响大。

为此,我们研发了线路插座与建筑构件一体化技术,成功地解决了以上问题,该技术已取得国家新型实用发明专利。

1. 新型一体化技术

线路插座与建筑构件一体化技术,是我院绿色农宅研究所开发的一款,集电路布线、插座与建筑装饰构件一体化并消灭开关的思路,由此开发的系列新型产品。该系列产品有电路板地脚线、线路装饰门套、线路装饰线条及遥控开关等四部分。

1）电路板地脚线

断面尺寸高为120mm，厚为12mm，制作材料为高分子PVC材料。

（1）电路板地脚线内走3根电线，分别为火线、零线和地线，电线为紫铜线，截面面积为4mm^2。该线路在工厂内制作地脚线时一次埋入其中。

（2）电路板地脚线之间的线路连接，采用线路插接技术，板两端设置三孔插接口，通过连接器进行对接，该插接技术有防潮、防水、防火、防漏电的功能，具有良好的抗氧化性和耐久性，保证了线路接口不产生额外的电阻。

（3）设插座的地脚板，设计长度为300mm，在两端各设一个三线插座。该插座呈"一"字形排列，插口长边平行于地脚板板面，布置在其顶端，在制作地脚板时一次埋设。

（4）转换插头是与插座相匹配的一款专用插头，转换插头的特点是薄，厚度为8mm，金属插片出头长度为30mm，有利于与地脚线的固定。转换插头有两种形式，一种是固接，另一种是有线连接。前者是直接插到地脚板上，可实现插座的转换安装；后者可连接通用型插线板，延长使用距离。

（5）电路板地脚线分别为带有插座和不带插座两种。带插座的地脚板见第3条，不带插座的分别有一字形、阴角板、阳角板、阴阳阴角组合板等四种形式，一字形的长度有300mm、900mm、1500mm、3000mm等型号，阴阳角组合板可用BIM技术进行定制，端部都带有线路插接口。

（6）地脚线的阳角需做抹角处理，其表面用特种材料喷涂，可个性化制作，如仿真石材、木材、金属材料等。

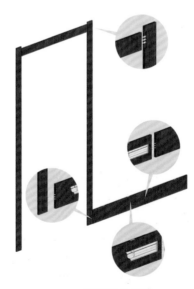

电路板地脚线

2）电路装饰门套

断面尺寸宽为65mm，厚为10mm，制作材料为高分子PVC材料及木材。

（1）线路装饰门套内走3根电线，分别为火线、零线和地线。导线可采用紫铜裸线，截面面积为4mm^2，在工厂制作门套时，一次性进行埋设。

（2）线路装饰门套之间的连接，线路装饰门套和地脚板之间的连接，也采用线路插接技术。

（3）线路装饰门套的类型分别为竖向和水平两种。竖向门套板的接口，下部设在线路地脚线一侧，上部设在水平门套板的一侧；水平门套板的接口设在两个端部。

（4）线路装饰门套的两个阳角进行抹角处理，其表面用特种材料喷涂，可个性化制作，如仿真石材、木材、金属材料等。

3）线路装饰线条

断面尺寸宽为 30mm，厚为 5mm，制作材料为高分子 PVC 材料及木材。

（1）线路装饰线条内走 3 根电线，分别为火线、零线和地线。导线可采用紫铜裸线，在工厂制作时一次性进行埋设。

（2）线路装饰线条主要用于灯具的走线，其之间的连接和与灯具底座的连接，也采用线路插接技术。

（3）线路装饰线条有一字形、阴角板、阳角板、阴阳阴角组合板等四种形式，一字形的长度有 300mm、900mm、1500mm、3000mm，阴阳角组合板可用 BIM 技术进行定制，端部都带有线路插接口。

（4）线路装饰线条的两个阳角进行抹角处理，其表面用特种材料喷涂，可个性化制作，如仿真石材、木材、金属材料等。

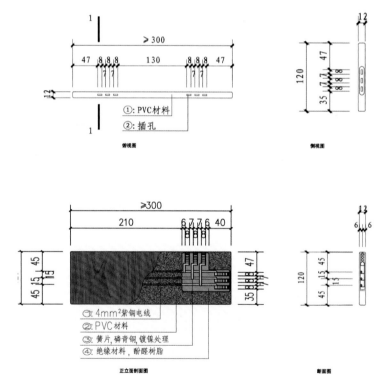

电路装饰门套示意图

4）灯具遥控开关

为了减少过多的布线，本系列发明的思路之一，是消灭有线开关，用遥控技术实现灯具的开和关。灯具遥控开关由两部分组成：一是信号接收耦合开关，另一个是遥控器。

（1）耦合开关可装在灯座内或线路接口处，控制该线路的通断来实现灯具的工作。

（2）耦合开关由继电器、感应器、变压器、物理开关等组成，其尺寸约为 40mm×20mm×15mm，适用于 220V 交流电的控制，其藕断次数约 8000 次。

（3）耦合开关主要是由信号控制，将接收到的遥控器信号，经过放大，加强传导给耦合器实现通断控制。耦合开关内还设置声控和光控的功能。

（4）耦合开关如何与线路板连接，是本系列产品的核心专利之一。具体做法是，在线路板的适当位置设置插座，在耦合开关上设置插头，安装时直接插入。

（5）在耦合开关上设置一个复位开关，遥控失效时，可以实现手动控制。

（6）集室内所有灯具的控制于一个遥控器，遥控器数量是每间设置 1～2 个，长远思路是所有房间实现声控和光控，并可以设置 App 地址实现手机控制。

2. 产品特点

（1）该产品的发明基本解决了强电系统在土建结构中埋线问题，不因埋线而影响施工工期，不因埋线而削弱结构主体的受力强度。

（2）特别是装配式钢筋混凝土构件中，解决了预留管线的棘手问题。减少了构件的类型，提高了构件的标准化程度，为装配式钢筋混凝土结构的推广做出了贡献。

（3）该系列产品在工厂制作时，线路一次性埋入其中。因在工厂中生产，其连接质量可靠，做到材料最省。因工业化生产，可保证生产规模。

（4）线路与装饰构件结合为一体，在室内装饰门套及地脚线时，也同时完成了布线及插座的安装。从而节省了布管材料，节省了穿线工序及插座的安装。

（5）本系列产品的思路之一，就是消灭传统的有线开关，用现在成熟的遥控技术替换，实现灯具的开和关。减少了室内的走线，相应节约了人工和投资。

由于该系列产品的设计理念新颖，是将线路与主体结构结合改为与装饰构件结合，取消了有线开关。这样提高了质量、减少了工序，节省了材料。因该系列产品节能、省时、省工、省料的效果明显，是一种绿色环保产品，是对传统的建筑电气布线的一次革命。

附录 **A**

绿色农宅绿色评价

　　绿色建筑评价应遵循因地制宜的原则,结合建筑所在地域的气候、环境、资源、经济及文化等特点,对建筑全寿命期内节能、节地、节水、节材、保护环境等性能进行综合评价。我们依据《绿色建筑评价标准》(GB/T 50378—2014)对示范性农宅的三号院为对象进行了评价。

一、绿色评价指标

　　绿色建筑评价指标体系由节地与室外环境、节能与能源利用、节水与水资源利用、节材与材料资源利用、室内环境质量、施工管理、运营管理 7 类指标组成。每类指标均包括控制项和评分项。评价指标体系还统一设置加分项。

　　评价分为设计评价,运行评价,本次都做了打分评价。

　　控制项的评定结果为满足或不满足;评分项和加分项的评定结果为分值。

　　绿色建筑分为一星级、二星级、三星级 3 个等级。3 个等级的绿色建筑均应满足本标准所有控制项的要求,且每类指标的评分项得分不应小于 40 分。当绿色建筑总得分分别达到50 分、60 分、80 分时,绿色建筑等级分别为一星级、二星级、三星级。

二、节地与室外环境

A. 控制项

　　1. 项目选址应符合所在地城乡规划,且应符合各类保护区、文物古迹保护的建设控制要求。

　　2. 场地应无洪涝、滑坡、泥石流等自然灾害的威胁,无危险化学品、易燃易爆危险源的威胁,无电磁辐射、含氡土壤等危害。

　　3. 场地内不应有排放超标的污染源。

　　4. 建筑规划布局应满足日照标准,且不得降低周边的日照标准。

B. 评分项

1. 土地利用

　　(1) 节约集约利用土地,满足要求,**评价得分为 19 分**。对居住建筑,三号院根据其人均居住用地面积为 30m² 取《标准》表 4.2.1-1,3 层以下的居住用地 A≤35 的得分。

(2) 场地内合理设置绿化用地,满足要求,**评价得分为 9 分**。并按下列规则评分:

- 住区绿地率:新区建设达到 30%,三号院(下同)满足此项得 2 分。
- 住区人均公共绿地面积:Ag≥1.5m²,满足此项得 7 分。

(3) 合理开发利用地下空间,Rr≥25%。满足要求,**评价得分为 6 分**。

2. 室外环境

(1) 建筑及照明设计避免产生光污染,满足要求,**评价得分为 4 分**。并按下列规则分别评分并累计:

- 玻璃幕墙可见光反射比不大于 0.2,满足此项得 2 分。
- 室外夜景照明光污染的限制符合现行行业标准《城市夜景照明设计规范》(JGJ/T 163—2016)的规定,满足此项得 2 分。

(2) 场地内环境噪声符合现行国家标准《声环境质量标准》(GB 3096—2008)的有关规定,满足要求,**评价得分为 4 分**。

(3) 场地内风环境有利于室外行走、活动舒适和建筑的自然通风,部分满足要求,**评价得分为 4 分**。在冬季典型风速和风向条件下,过渡季、夏季典型风速和风向条件下,分别按下列规则分别评分并累计:

- 建筑物周围人行区风速小于 5m/s,且室外风速放大系数小于 2,不满足此项得 0 分。
- 除迎风第一排建筑外,建筑迎风面与背风面表面风压差不大于 5Pa,满足此项得 1 分。
- 场地内人活动区不出现涡旋或无风区,满足此项得 2 分。
- 50% 以上可开启外窗室内外表面的风压差大于 0.5Pa,满足此项得 1 分。

(4) 采取措施降低热岛强度,满足要求,**评价得分为 4 分**。并按下列规则分别评分并累计:

- 红线范围内户外活动场地有乔木、构筑物等遮阴措施的面积达到 20%,满足此项得 2 分。
- 超过 70% 的道路路面、建筑屋面的太阳辐射反射系数不小于 0.4,满足此项得 2 分。

3. 交通设施与公共服务

(1) 场地与公共交通设施具有便捷的联系,不满足要求,**评价得分为 0 分**。并按下列规则分别评分并累计:

- 场地出入口到达公共汽车站的步行距离不大于 500m,或到达轨道交通站的步行距离不大于 800m,不满足此项得 0 分。
- 场地出入口步行距离 800m 范围内,设有 2 条及以上线路的公共交通站点(含公共汽车站和轨道交通站),不满足此项得 0 分。
- 有便捷的人行通道联系公共交通站点,不满足此项得 0 分。

(2) 场地内人行通道采用无障碍设计,满足要求,**评价得分为 3 分**。

(3) 合理设置停车场所,满足要求,**评价得分为 6 分**。并按下列规则分别评分并累计:

- 自行车停车设施位置合理、方便出入，且有遮阳防雨措施，满足此项得 3 分。
- 合理设置机动车停车设施，并采取下列措施中至少 2 项，满足此项得 3 分。

采用机械式停车库、地下停车库或停车楼等方式节约集约用地，不满足此项。

采用错时停车方式向社会开放，提高停车场(库)使用效率，满足此项。

合理设计地面停车位，不挤占步行空间及活动场所，满足此项。

(4) 提供便利的公共服务，部分满足要求，**评价得分为 3 分**。并按下列规则评分，满足下列要求中 3 项，满足此项得 3 分；满足 4 项及以上得 6 分：

- 场地出入口到达幼儿园的步行距离不大于 300m，不满足此项。
- 场地出入口到达小学的步行距离不大于 500m，满足此项。
- 场地出入口到达商业服务设施的步行距离不大于 500m，不满足此项。
- 相关设施集中设置并向周边居民开放，满足此项。
- 场地 1000m 范围内设有 5 种及以上的公共服务设施，满足此项。

4. 场地设计与场地生态

(1) 结合现状地形地貌进行场地设计与建筑布局，保护场地内原有的自然水域、湿地和植被，采取表层土利用等生态补偿措施，满足要求，**评价得分为 3 分**。

(2) 充分利用场地空间合理设置绿色雨水基础设施，对大于 $10hm^2$ 的场地进行雨水专项规划设计，部分满足要求，**评价得分为 6 分**。并按下列规则分别评分并累计：

- 下凹式绿地、雨水花园等有调蓄雨水功能的绿地和水体的面积之和占绿地面积的比例达到 30%，不满足此项得 0 分。
- 合理衔接和引导屋面雨水、道路雨水进入地面生态设施，并采取相应的径流污染控制措施，满足此项得 3 分。
- 硬质铺装地面中透水铺装面积的比例达到 50%，满足此项得 3 分。

(3) 合理规划地表与屋面雨水径流，对场地雨水实施外排总量控制，其场地年径流总量控制率达到 70%，满足要求，**评价得分为 6 分**。

(4) 合理选择绿化方式，科学配置绿化植物，满足要求，**评价得分为 6 分**。并按下列规则分别评分并累计：

- 种植适应当地气候和土壤条件的植物，采用乔、灌、草结合的复层绿化，种植区域覆土深度和排水能力满足植物生长需求，满足此项得 3 分。
- 居住建筑绿地配植乔木不少于 3 株/$100m^2$，满足此项得 3 分。

节地与室外环境分项得分 83 分，设计评价得分 17.43 分，运行评价得 14.11 分。

三、节能与能源利用

A. 控制项

建筑设计应符合国家现行相关建筑节能设计标准中强制性条文的规定。

1. 不应采用电直接加热设备作为供暖空调系统的供暖热源和空气加湿热源。

2. 冷热源、输配系统和照明等各部分能耗应进行独立分项计量。

3. 各房间或场所的照明功率密度值不应高于现行国家标准《建筑照明设计标准》(GB

50034)中规定的现行值。

B. 评分项

1. 建筑与围护结构

(1) 结合场地自然条件,对建筑的体形、朝向、楼距、窗墙比等进行优化设计,满足要求,**评价得分为 6 分**。

(2) 外窗、玻璃幕墙的可开启部分能使建筑获得良好的通风,满足要求,**评价得分为 6 分**。设外窗且不设玻璃幕墙的建筑,外窗可开启面积比例达到 35%,满足此项得 6 分。

(3) 围护结构热工性能指标优于国家现行相关建筑节能设计标准的规定,满足要求,**评价得分为 10 分**。并按下列规则评分:

- 围护结构热工性能比国家现行相关建筑节能设计标准规定的提高幅度达到 10%,满足此项得 10 分。
- 电供暖空调全年计算负荷降低幅度达到 10%,满足此项得 10 分。

2. 供暖、通风与空调

(1) 供暖空调系统的冷、热源机组能效均优于现行国家标准《公共建筑节能设计标准》(GB 50189)的规定,以及现行有关国家标准能效限定值的要求,满足要求,**评价得分为 6 分**。(三号楼使用太阳能供暖)

(2) 集中供暖系统热水循环泵的耗电输热比和通风空调系统风机的单位风量耗功率,符合现行国家标准《公共建筑节能设计标准》(GB 50189)等的有关规定,且空调冷热水系统循环水泵的耗电输冷(热)比现行国家标准《民用建筑供暖通风与空气调节设计规范》(GB 50736)规定值低 20%,满足要求,**评价得分为 6 分**。

(3) 合理选择和优化供暖、通风与空调系统,满足要求,**评价得分为 10 分**。根据系统能耗的降低幅度按表 5.2.6 的规则评分。(三号楼耗能较少,接近被动式建筑特性,耗能降低幅度 De=50%)

(4) 采取措施降低过渡季节供暖、通风与空调系统能耗,满足要求,**评价得分为 6 分**。(三号楼无此项能耗)

(5) 采取措施降低部分负荷、部分空间使用下的供暖、通风与空调系统能耗,满足要求,**评价得分为 9 分**。并按下列规则分别评分并累计:

- 区分房间的朝向,细分供暖、空调区域,对系统进行分区控制,满足此项得 3 分。
- 合理选配空调冷、热源机组台数与容量,制定实施根据负荷变化调节制冷(热)量的控制策略,且空调冷源的部分负荷性能符合现行国家标准《公共建筑节能设计标准》(GB 50189)的规定,满足此项得 3 分。
- 水系统、风系统采用变频技术,且采取相应的水力平衡措施,满足此项得 3 分。

3. 照明与电气

(1) 走廊、楼梯间、门厅、大堂、大空间、地下停车场等场所的照明系统采取分区、定时、感应等节能控制措施,满足要求,**评价得分为 5 分**。

(2) 照明功率密度值达到现行国家标准《建筑照明设计标准》(GB 50034)中规定的目标值,满足要求,**评价得分为 8 分**。主要功能房间满足要求,得 4 分;所有区域均满足要求,满足此项得 8 分。

（3）合理选用电梯和自动扶梯，并采取电梯群控、扶梯自动启停等节能控制措施，满足要求，**评价得分为 3 分**。

（4）合理选用节能型电气设备，满足要求，**评价得分为 5 分**。并按下列规则分别评分并累计：

- 三相配电变压器满足现行国家标准《三相配电变压器能效限定值及能效等级》（GB 20052）的节能评价值要求，满足此项得 3 分。
- 水泵、风机等设备，及其他电气装置满足相关现行国家标准的节能评价值要求，满足此项得 2 分。

4. 能量综合利用

（1）排风能量回收系统设计合理并运行可靠，满足要求，**评价得分为 3 分**。

（2）合理采用蓄冷蓄热系统，满足要求，**评价得分为 3 分**。

（3）合理利用余热废热解决建筑的蒸汽、供暖或生活热水需求，满足要求，**评价得分为 4 分**。

（4）根据当地气候和自然资源条件，合理利用可再生能源，满足要求，**评价得分为 10 分**。按表 5.2.16 的规则评分。（三号楼所有能源均采用再生能源）

节能与能源利用分项得分为 100 分，设计评价得分 24 分，运行评价得分为 19 分。

四、节水与水资源利用

A. 控制项

1. 应制定水资源利用方案，统筹利用各种水资源。
2. 给排水系统设置应合理、完善、安全。
3. 应采用节水器具。

B. 评分项

1. 节水系统

（1）建筑平均日用水量满足现行国标《民用建筑节水设计标准》（GB 50555）中的节水用水定额的要求，满足要求，**评价得分为 10 分**。达到节水用水定额的上限值的要求，得 4 分；达到上限值与下限值的平均值要求，得 7 分；达到下限值的要求，满足此项得 10 分。

（2）采取有效措施避免管网漏损，部分满足要求，**评价得分为 7 分**。并按下列规则分别评分并累计：

- 选用密闭性能好的阀门、设备，使用耐腐蚀、耐久性能好的管材、管件，满足此项得 1 分。
- 室外埋地管道采取有效措施避免管网漏损，满足此项得 1 分。
- 设计阶段根据水平衡测试的要求安装分级计量水表；运行阶段提供用水量计量情况和管网漏损检测、整改的报告，满足要此项 5 分。

（3）给水系统无超压出流现象，满足要求，**评价得分为 8 分**。用水点供水压力不大于

0.30MPa,得 3 分；不大于 0.20MPa,且不小于用水器具要求的最低工作压力,满足此项得 8 分。

（4）设置用水计量装置,满足要求,**评价得分为 6 分**。并按下列规则分别评分并累计：

- 按使用用途,对厨房、卫生间、空调系统、游泳池、绿化、景观等用水分别设置用水计量装置,统计用水量,满足此项得 2 分。
- 按付费或管理单元,分别设置用水计量装置,统计用水量,满足此项得 4 分。

2. 节水器具与设备

（1）使用较高用水效率等级的卫生器具,满足要求,**评价得分为 10 分**。用水效率等级达到 3 级,得 5 分；达到 2 级,满足此项得 10 分。

（2）绿化灌溉采用节水灌溉方式,满足要求,**评价得分为 10 分**。并按下列规则评分：

- 采用节水灌溉系统,得 7 分；在此基础上设置土壤湿度感应器、雨天关闭装置等节水控制措施,再得 3 分。
- 种植无需永久灌溉植物,满足此项得 10 分。

（3）空调设备或系统采用节水冷却技术,无此项,**评价得分为 0 分**。并按下列规则评分：

- 循环冷却水系统设置水处理措施；采取加大集水盘、设置平衡管或平衡水箱的方式,避免冷却水泵停泵时冷却水溢出,得 6 分。
- 运行时,冷却塔的蒸发耗水量占冷却水补水量的比例不低于 80%,得 10 分；
- 采用无蒸发耗水量的冷却技术,得 10 分。

（4）除卫生器具、绿化灌溉和冷却塔外的其他用水采用节水技术或措施,满足要求,**评价得分为 5 分**。其他用水中采用节水技术或措施的比例达到 50%,得 3 分；达到 80%,满足此项得 5 分。

3. 非传统水源利用

（1）合理使用非传统水源,满足要求,**评价得分为 15 分**。非传统水源利用率达到 30% 以上。

（2）冷却水补水使用非传统水源,家庭中水再利用满足要求,**评价得分为 8 分**。

（3）结合雨水利用设施进行景观水体设计,景观水体利用雨水的补水量大于其水体蒸发量的 60%,且采用生态水处理技术保障水体水质,满足要求,**评价得分为 7 分**。

节水与水资源利用分项得分 86 分,设计评价得分为 17.20 分,运行评价得分为 13.76 分。

五、节材与材料资源利用

A. 控制项

1. 不得采用国家和地方禁止和限制使用的建筑材料及制品。
2. 混凝土结构中梁、柱纵向受力普通钢筋应采用不低于 400MPa 级的热轧带肋钢筋。
3. 建筑造型要素应简约,且无大量装饰性构件。

B. 评分项

1. 节材设计

（1）择优选用建筑形体,满足要求,**评价得分为 9 分**。根据国家标准《建筑抗震设计规范》(GB 50011—2010)规定的建筑形体规则性评分,建筑形体不规则,得 3 分;建筑形体规则,满足此项得 9 分。

（2）对地基基础、结构体系、结构构件进行优化设计,达到节材效果,满足要求,**评价得分为 5 分**。

（3）土建工程与装修工程一体化设计,部分满足要求,**评价得分为 10 分**。住宅建筑土建与装修一体化设计的户数比例达到 30%,得 6 分;达到 100%,满足此项得 10 分。

（4）采用工业化生产的预制构件,满足要求,**评价得分为 5 分**。根据预制构件用量比例按表 7.2.5 的规则评分 $R_{pc} \geqslant 50\%$,得 5 分。

（5）采用整体化定型设计的厨房、卫浴间,部分满足要求,**评价得分为 3 分**。并按下列规则分别评分并累计:

- 采用整体化定型设计的厨房,满足此项得 3 分;
- 采用整体化定型设计的卫浴间,不满足此项得 0 分。

2. 材料选用

（1）选用本地生产的建筑材料,满足要求,**评价得分为 10 分**。根据施工现场 500km 以内生产的建筑材料重量占建筑材料总重量的比例按表 7.2.7 的规则,满足 $R_{lm} \geqslant 90\%$,满足此项要求得 10 分。

（2）现浇混凝土采用预拌混凝土,满足要求,**评价得分为 10 分**。

（3）建筑砂浆采用预拌砂浆,满足要求,**评价得分为 5 分**。建筑砂浆采用预拌砂浆的比例达到 50%,得 3 分;达到 100%,满足此项得 5 分。

（4）合理采用高强建筑结构材料,部分满足要求,**评价得分为 8 分**。满足表 7.2.10 中,400MPa 级及以上受力普通钢筋比例 R_{sb},$70\% \leqslant R_{sb} < 85\%$ 的要求得 8 分。

（5）合理采用高耐久性建筑结构材料,不满足要求,**评价得分为 0 分**。

（6）采用可再利用材料和可再循环材料,满足要求,**评价得分为 10 分**。住宅建筑中的可再利用材料和可再循环材料用量比例达到 6%,得 8 分;达到 10%,满足此项要求得 10 分。

（7）使用以废弃物为原料生产的建筑材料,满足要求,**评价得分为 5 分**。并按下列规则评分:

- 采用一种以废弃物为原料生产的建筑材料,其占同类建材的用量比例达到 30%,得 3 分;达到 50%,满足此项得 5 分。
- 采用两种及以上以废弃物为原料生产的建筑材料,每一种用量比例均达到 30%,满足此项得 5 分。

（8）合理采用耐久性好、易维护的装饰装修建筑材料,满足要求,**评价得分为 5 分**。并按下列规则分别评分并累计:

- 合理采用清水混凝土,满足此项得 2 分。
- 采用耐久性好、易维护的外立面材料,满足此项得 2 分。
- 采用耐久性好、易维护的室内装饰装修材料,满足此项得 1 分。

节材与材料资源利用分项得分为 **85 分**,设计评价得分为 **14.45 分**,运行评价得分为 **11.90 分**。

六、室内环境质量

A. 控制项

1. 主要功能房间的室内噪声级应满足现行国家标准《民用建筑隔声设计规范》(GB 50118)中的低限要求。

2. 主要功能房间的外墙、隔墙、楼板和门窗的隔声性能应满足现行国家标准《民用建筑隔声设计规范》(GB 50118)中的低限要求。

3. 建筑照明数量和质量应符合现行国家标准《建筑照明设计标准》(GB 50034)的规定。

4. 采用集中供暖空调系统的建筑,房间内的温度、湿度、新风量等设计参数应符合现行国家标准《民用建筑供暖通风与空气调节设计规范》(GB 50736)的规定。

5. 在室内设计温、湿度条件下,建筑围护结构内表面不得结露。

6. 屋顶和东、西外墙隔热性能应满足现行国家标准《民用建筑热工设计规范》(GB 50176)的要求。

7. 室内空气中的氨、甲醛、苯、总挥发性有机物、氡等污染物浓度应符合现行国家标准《室内空气质量标准》(GB/T 18883)的有关规定。

B. 评分项

1. 室内声环境

(1) 主要功能房间室内噪声级,满足要求,**评价得分为 6 分**。噪声级达到现行国家标准《民用建筑隔声设计规范》(GB 50118)中的低限标准限值和高要求标准限值的平均值,得 3 分;达到高要求标准限值,满足此项得 6 分。

(2) 主要功能房间的隔声性能良好,满足要求,**评价得分为 9 分**,并按下列规则分别评分并累计:

- 构件及相邻房间之间的空气声隔声性能达到现行国家标准《民用建筑隔声设计规范》(GB 50118)中的低限标准限值和高要求标准限值的平均值,得 3 分;达到高要求标准限值,满足此项得 5 分。
- 楼板的撞击声隔声性能达到现行国家标准《民用建筑隔声设计规范》(GB 50118)中的低限标准限值和高要求标准限值的平均值,得 3 分;达到高要求标准限值,满足此项得 4 分。

(3) 采取减少噪声干扰的措施,满足要求,**评价得分为 4 分**。并按下列规则分别评分并累计:

- 建筑平面、空间布局合理,没有明显的噪声干扰,满足此项得 2 分。
- 采用同层排水或其他降低排水噪声的有效措施,使用率不小于 50%,满足此项得 2 分。

2. 室内光环境与视野

(1) 建筑主要功能房间具有良好的户外视野,满足要求,**评价得分为 3 分**。对居住建筑,其与相邻建筑的直接间距超过 18m,满足此条件。

（2）主要功能房间的采光系数满足现行国家标准《建筑采光设计标准》(GB 50033)的要求，满足要求，**评价得分为 8 分**。卧室、起居室的窗地面积比达到 1/6，得 6 分；达到 1/5，满足此项得 8 分。

（3）改善建筑室内天然采光效果，满足要求，**评价得分为 10 分**。并按下列规则分别评分并累计：

- 主要功能房间有合理的控制眩光措施，满足此项得 6 分。
- 内区采光系数满足采光要求的面积比例达到 60%，满足此项得 4 分。

3. 室内热湿环境

（1）采取可调节遮阳措施，降低夏季太阳辐射得热，满足要求，**评价得分为 12 分**。外窗和幕墙透明部分中，有可控遮阳调节措施的面积比例达到 25%，得 6 分；达到 50%，满足此项得 12 分。

（2）供暖空调末端现场可独立调节，满足要求，**评价得分为 8 分**。供暖、空调末端装置可独立启停的主要功能房间数量比例达到 70%，得 4 分；达到 90%，满足此项得 8 分。

4. 室内空气质量

（1）优化建筑空间、平面布局和构造设计，改善自然通风效果，满足要求，**评价得分为 13 分**，并按下列规则评分：

居住建筑按下列 2 项的规则分别评分并累计：

- 通风开口面积与房间地板面积的比例在夏热冬暖地区达到 10%，在夏热冬冷地区达到 8%，在其他地区达到 5%，满足此项得 10 分。
- 设有明卫，满足此项得 3 分。

（2）气流组织合理，满足要求，**评价得分为 7 分**。并按下列规则分别评分并累计：

- 重要功能区域供暖、通风与空调工况下的气流组织满足，热环境设计参数要求，满足此项得 4 分。
- 避免卫生间、餐厅、地下车库等区域的空气和污染物串通到其他空间或室外活动场所，满足此项得 3 分。

（3）主要功能房间中人员密度较高且随时间变化大的区域设置室内空气质量监控系统，满足要求，**评价得分为 8 分**。并按下列规则分别评分并累计：

- 对室内的二氧化碳浓度进行数据采集、分析，并与通风系统联动，满足此项得 5 分。
- 实现室内污染物浓度超标实时报警，并与通风系统联动，满足此项得 3 分。

室内环境质量分项得分为 88 分，设计评价得分为 15.84 分，运行评价得分为 12.32 分。

七、施工管理

A. 控制项

1. 应建立绿色建筑项目施工管理体系和组织机构，并落实各级责任人。
2. 施工项目部应制订施工全过程的环境保护计划，并组织实施。
3. 施工项目部应制订施工人员职业健康安全管理计划，并组织实施。
4. 施工前应进行设计文件中绿色建筑重点内容的专项会审。

B. 评分项

1. 环境保护

（1）采取洒水、覆盖、遮挡等降尘措施，满足要求，**评价得分为 6 分**。

（2）采取有效的降噪措施。在施工场界测量并记录噪声，满足现行国家标准《建筑施工场界环境噪声排放标准》(GB 12523)的规定，满足要求，**评价得分为 6 分**。

（3）制订并实施施工废弃物减量化、资源化计划，满足要求，**评价得分为 6 分**。并按下列规则分别评分并累计：
- 制订施工废弃物减量化、资源化计划，满足此项得 3 分。
- 可回收施工废弃物的回收率不小于 80%，满足此项得 3 分。

2. 资源节约

（1）制定并实施施工节能和用能方案，监测并记录施工能耗，满足要求，**评价得分为 8 分**。并按下列规则分别评分并累计：
- 制定并实施施工节能和用能方案，满足此项得 1 分。
- 监测并记录施工区、生活区的能耗，满足此项得 3 分。
- 监测并记录主要建筑材料、设备从供货商提供的货源地到施工现场运输的能耗，满足此项得 3 分。
- 监测并记录建筑施工废弃物从施工现场到废弃物处理/回收中心运输的能耗，满足此项得 1 分。

（2）制定并实施施工节水和用水方案，监测并记录施工水耗，部分满足要求，**评价得分为 6 分**。并按下列规则分别评分并累计：
- 制定并实施施工节水和用水方案，满足此项得 2 分。
- 监测并记录施工区、生活区的水耗数据，满足此项得 4 分。
- 监测并记录基坑降水的抽取量、排放量和利用量数据，不满足此项得 0 分。

（3）减少预拌混凝土的损耗，满足要求，**评价得分为 6 分**。损耗率降低至 1.5%，得 3 分；降低至 1.0%，满足此项得 6 分。

（4）采取措施降低钢筋损耗，满足要求，**评价得分为 8 分**。并按下列规则评分：
- 80%以上的钢筋采用专业化生产的成型钢筋，满足此项得 8 分。
- 根据现场加工钢筋损耗率，按表 9.2.7 的规则评分，最高得 8 分。

（5）使用工具式定型模板，增加模板周转次数，满足要求，**评价得分为 10 分**。根据工具式定型模板使用面积占模板工程总面积的比例按表 9.2.8 中，Rsf≥85%，满足此项得 10 分。

3. 过程管理

（1）实施设计文件中绿色建筑重点内容，满足要求，**评价得分为 4 分**。并按下列规则分别评分并累计：
- 进行绿色建筑重点内容的专项交底，满足此项得 2 分。
- 施工过程中以施工日志记录绿色建筑重点内容的实施情况，满足此项得 2 分。

（2）严格控制设计文件变更，避免出现降低建筑绿色性能的重大变更，满足此项，**评价**

得分为 **4 分**。

（3）施工过程中采取相关措施保证建筑的耐久性，满足要求，**评价得分为 8 分**。并按下列规则分别评分并累计：

- 对保证建筑结构耐久性的技术措施进行相应检测并记录，满足此项得 3 分。
- 对有节能、环保要求的设备进行相应检验并记录，满足此项得 3 分。
- 对有节能、环保要求的装修装饰材料进行相应检验并记录，满足此项得 2 分。

（4）实现土建装修一体化施工，满足要求，**评价得分为 14 分**。并按下列规则分别评分并累计：

- 工程竣工时主要功能空间的使用功能完备，装修到位，满足此项得 3 分。
- 提供装修材料检测报告、机电设备检测报告、性能复试报告，满足此项得 4 分。
- 提供建筑竣工验收证明、建筑质量保修书、使用说明书，满足此项得 4 分。
- 提供业主反馈意见书，满足此项得 3 分。

（5）工程竣工验收前，由建设单位组织有关责任单位，进行机电系统的综合调试和联合试运转，结果符合设计要求，满足要求，**评价得分为 8 分**。

室内环境质量分项得分 94 分，运行评价得分为 **9.4 分**。

八、运营管理

A．控制项

1．应制定并实施节能、节水、节材、绿化管理制度。

2．应制定垃圾管理制度，合理规划垃圾物流，对生活废弃物进行分类收集，垃圾容器设置规范。

3．运行过程中产生的废气、污水等污染物应达标排放。

4．节能、节水设施应工作正常，且符合设计要求。

5．供暖、通风、空调、照明等设备的自动监控系统应工作正常，且运行记录完整。

B．评分项

1．管理制度

（1）物业管理机构获得有关管理体系认证，满足要求，**评价得分为 10 分**。并按下列规则分别评分并累计：

- 具有 ISO 14001 环境管理体系认证，满足此项得 4 分。
- 具有 ISO 9001 质量管理体系认证，满足此项得 4 分。
- 具有现行国家标准《能源管理体系要求》(GB/T 23331)的能源管理体系认证，满足此项得 2 分。

（2）节能、节水、节材、绿化的操作规程、应急预案完善，且有效实施，满足要求，**评价得分为 8 分**。并按下列规则分别评分并累计：

- 相关设施的操作规程在现场明示，操作人员严格遵守规定，满足此项得 6 分。
- 节能节水设施运行具有完善的应急预案，满足此项得 2 分。

（3）实施能源资源管理激励机制，管理业绩与节约能源资源、提高经济效益挂钩，满足

要求,**评价得分为 6 分**。按下列规则分别评分并累计:

- 物业管理机构的工作考核体系中包含能源资源管理激励机制,满足此项得 3 分。
- 与租用者的合同中包含节能条款,满足此项得 1 分。
- 采用合同能源管理模式,满足此项得 2 分。

(4)建立绿色教育宣传机制,编制绿色设施使用手册,形成良好的绿色氛围,满足要求,**评价得分为 6 分**。并按下列规则分别评分并累计:

- 有绿色教育宣传工作记录,满足此项得 2 分。
- 向使用者提供绿色设施使用手册,满足此项得 2 分。
- 相关绿色行为与成效获得公共媒体报道,满足此项得 2 分。

2. 技术管理

(1)定期检查、调试公共设施设备,并根据运行检测数据进行设备系统的运行优化,满足要求,**评价得分为 10 分**。并按下列规则分别评分并累计:

- 具有设施设备的检查、调试、运行、标定记录,且记录完整,满足此项得 7 分。
- 制定并实施设备能效改进方案,满足此项得 3 分。

(2)对空调通风系统进行定期检查和清洗,满足要求,**评价得分为 6 分**。并按下列规则分别评分并累计:

- 制订空调通风设备和风管的检查和清洗计划,满足此项得 2 分。
- 实施第 1 款中的检查和清洗计划,且记录保存完整,满足此项得 4 分。

(3)非传统水源的水质和用水量记录完整、准确,满足要求,**评价得分为 4 分**。并按下列规则分别评分并累计:

- 定期进行水质检测,记录完整、准确,满足此项得 2 分。
- 用水量记录完整、准确,满足此项得 2 分。

(4)智能化系统的运行效果满足建筑运行与管理的需要,满足要求,**评价得分为 12 分**。并按下列规则分别评分并累计:

- 居住建筑的智能化系统满足现行行业标准《居住区智能化系统配置与技术要求》(CJ/T 174)的基本配置要求,满足此项得 6 分。
- 智能化系统工作正常,符合设计要求,满足此项得 6 分。

(5)应用信息化手段进行物业管理,建筑工程、设施、设备、部品、能耗等档案及记录齐全,满足要求,**评价得分为 10 分**。并按下列规则分别评分并累计:

- 设置物业管理信息系统,满足此项得 5 分。
- 物业管理信息系统功能完备,满足此项得 2 分。
- 记录数据完整,满足此项得 3 分。

3. 环境管理

(1)采用无公害病虫害防治技术,规范杀虫剂、除草剂、化肥、农药等化学品的使用,有效避免对土壤和地下水环境的损害,满足要求,**评价得分为 6 分**。并按下列规则分别评分并累计:

- 建立和实施化学品管理责任制,满足此项得 2 分。
- 病虫害防治用品使用记录完整,满足此项得 2 分。

- 采用生物制剂、仿生制剂等无公害防治技术,满足此项得 2 分。

（2）栽种和移植的树木一次成活率大于 90%,植物生长状态良好,满足要求,**评价得分为 6 分**。并按下列规则分别评分并累计:

- 工作记录完整,满足此项得 4 分。
- 现场观感良好,满足此项得 2 分。

（3）垃圾收集站(点)及垃圾间不污染环境,不散发臭味,满足要求,**评价得分为 6 分**。并按下列规则分别评分并累计:

- 垃圾站(间)定期冲洗,满足此项得 2 分。
- 垃圾及时清运、处置,满足此项得 2 分。
- 周边无臭味,用户反映良好,满足此项得 2 分。

（4）实行垃圾分类收集和处理,满足要求,**评价总得分为 10 分**。并按下列规则分别评分并累计:

- 垃圾分类收集率达到 90%,满足此项得 4 分。
- 可回收垃圾的回收比例达到 90%,满足此项得 2 分。
- 对可生物降解垃圾进行单独收集和合理处置,满足此项得 2 分。
- 对有害垃圾进行单独收集和合理处置,满足此项得 2 分。

运营管理分项得分为 100 分,运行评价得分为 10 分。

九、提高与创新

A. 一般规定

绿色建筑评价时,应按本章规定对加分项进行评价。加分项包括性能提高和创新两部分。加分项的附加得分为各加分项得分之和。当附加得分大于 10 分时,应取为 10 分。

B. 加分项

1. 性能提高

（1）围护结构热工性能比国家现行相关建筑节能设计标准的规定高 20%,或者供暖空调全年计算负荷降低幅度达到 15%,满足要求,**评价得分为 2 分**。

（2）卫生器具的用水效率均达到国家现行有关卫生器具用水效率等级标准规定的 1 级,满足要求,**评价得分为 1 分**。

（3）采用资源消耗少和环境影响小的建筑结构,满足要求,**评价得分为 1 分**。

2. 创新

（1）建筑方案充分考虑建筑所在地域的气候、环境、资源,结合场地特征和建筑功能,进行技术经济分析,显著提高能源资源利用效率和建筑性能,满足要求,**评价得分为 2 分**。

（2）应用建筑信息模型(BIM)技术,满足要求,**评价得分为 2 分**。在建筑的规划设计、施工建造和运行维护阶段中的一个阶段应用,得 1 分;在两个或两个以上阶段应用,满足此项得 2 分。

（3）采取节约能源资源、保护生态环境、保障安全健康的其他创新,并有明显效益,满足要求,评价得分为 **2 分**。采取一项,得 1 分;采取两项及以上,满足此项得 2 分。

提高与创新加分为 **10 分**。

绿色建筑评价汇总表

		节地与室外环境 W1	节能与能源利用 W2	节水与水资源利用 W3	节材与材料资源利用 W4	室内环境质量 W5	施工管理 W6	运营管理 W7	附加分	合计
设计评价	分项占比	0.21	0.24	0.20	0.17	0.18	—	—	1.00	—
	得分	17.43	24.00	17.20	14.45	15.84	—	—	10.00	**98.92**
运行评价	分项占比	0.17	0.19	0.16	0.14	0.14	0.10	0.10	1.00	—
	得分	14.11	19.00	13.76	11.90	12.32	9.40	10	10	**100.49**

三号院设计评价总分:**98.92 分**,大于 80 分,为三星级★★★绿色建筑。

三号院运行评价总分:**100.49 分**,大于 80 分,为三星级★★★绿色建筑。

附录 B

绿色农宅项目相关专利一览表

序号	专 利 名 称	专 利 号
1	绿色低层迷你型便捷电梯	ZL201821814039.7
2	线路插座与建筑构件一体化线路板	ZL201920386745.4
3	家庭生活污水回用一体化装置	ZL201821429320.9
4	装配式钢板混凝土柱及钢板桁架梁框架结构	ZL201920232296.8
5	马牙槎装配式框架柱及马牙槎装配式剪力墙	ZL201822098560.1
6	软式采暖器	ZL201821522836.8
7	节水型免排马桶	ZL201822138681.4
8	铁碳微电解填料及其制备方法	ZL201910037692.X
9	黄土泥秸秆树脂免烧生态砖及制备方法	ZL201910352134.2
10	黄土泥秸秆树脂墙体粉刷材料及制备方法	ZL201910346702.8
11	黄土泥秸秆树脂屋面保温材料及制备方法	ZL201910343097.9

附录 C

BIM在绿色农宅建筑中的应用

随着国家对绿色节能建筑的越来越重视,绿色农宅建筑中借助 BIM 技术,将绿色理念植入建筑设计、建筑施工及运营管理,贯穿建筑全寿命周期的各个阶段,促进了绿色建筑的健康可持续发展。

绿色建筑设计作为一种新型设计模式,利用 BIM 中的环境分析能力,可以对建筑物所有的数据信息进行整合分析,加强新技术应用,促进环境保护和资源高效利用。在项目前期规划设计阶段,将 BIM 技术融入建筑节能设计中,可以减少后期因为环境节能问题来变更设计,降低后续建筑使用成本,增加建筑的使用效益。从节能增效角度来说,在建筑项目初期就进行绿色建筑设计,能有效的避免后期设计变更引起的材料消耗和建设成本,起到节能降耗的作用,同时又促进了节能建筑的健康发展。

1. BIM 应用

(1)节能与能源利用分析

利用 BIM 技术建立的建筑三维可视化模型的能耗分析软件,能根据项目所在地的气候和环境特点,完成建筑能耗分析模拟,根据分析模拟结果调整优化结构方案,达到设计预期的节能目标。利用 BIM 模型,可以对太阳辐射的强度和分布进行分析,便于太阳能设备方案设计,实现能源的最大化利用。还可以利用 BIM 进行室内自然采光的分析,最大程度的运用自然采光,减少人工照明的能源消耗。

(2)节材与材料资源利用分析

绿色建筑评价标准对建筑材料的使用比例作了详细要求,比如要求循环材料使用占建筑材料总重量的 10%。利用 BIM 技术强大的数据信息和材料统计功能,能准确快速计算各类材料用量,科学的进行材料资源的配置。另外,BIM 技术综合了建筑结构、水、暖、电等各专业的设计内容,能进行科学的资源配置设计,避免了施工中的材料浪费,做到了环保节约。

(3)室内环境分析

室内环境包括风、光、声等要素,利用 BIM 技术建立的三维可视化模型,将其导入相应分析软件中,对各要素进行准确分析,通过对自然通风的分析,可以对窗户的数量、大小、位置进行科学的设计,改善室内通风;通过对光环境分析,科学的设计室内照明,满足相关要求;通过噪声分析,进行科学的防噪设计,满足相应的噪声标准。

(4) 绿色农宅建筑节能设计

BIM 三维模型整合了所有相关专业基本信息,可以提供有关项目设计的各种实时数据,满足绿色建筑对项目信息需求。比如建筑外墙节能设计中,改善墙体保温技术,能有效提高建筑的节能效果;外门窗设计中,根据建筑所在地域的不同气候特征和日照、采光、通风等条件,尽量减少外门窗面积,在外窗窗框材料选择、玻璃类型、遮阳措施等多方面,使用热阻大、能耗低的新型保温节能门窗;墙体型节能材料通过外墙外保温技术,利用双层聚苯保温板,采用中空隔热原理,降低墙体结构耗热量,使室内温度保持稳定;窗体型节能材料利用活动式外遮阳技术,控制室内采光达到保持室内温度和亮度效果,使用热反射性玻璃和吸热玻璃,减少高温对内部环境的影响,室内环境更加稳定;其他节能控制措施,如安装热量表、热量控制开关,保持室内温度、减少能耗;应用屋顶节能技术;利用光伏发电照明等;将光热技术、采光遮阳技术以及通风技术有效融合,利用到绿色建筑设计和建设中。节能技术的应用减少了建筑资源的浪费和污染,促进了环境的改善。

(5) 建筑场地规划

建筑工地在场地规划过程中,需要结合各方面的因素,例如道路、消防疏散、院落间距、住宅光照等条件,都需要一个十分协调的规划,因此相关的计量和评价过程十分繁琐。利用 BIM 技术,通过计算机参数的不断变换,能在极短的时间内完成场地的规划评价,在满足绿色建筑相关标准的前提下,实现对建筑场地的规划,保证院落之间的间距适中、在有限的建筑场地内协调出建筑与绿化之间的位置关系,保证建筑的宜居性。

(6) 室外环境评价设计

绿色建筑理念讲求在建筑中实现人与自然的统一,这就要求建筑的环境能够达到自然统一的标准,在热岛效应、环境噪声、阳光照射、风力采集方面有着相当高的要求,BIM 技术在建立场地中对建筑群进行模拟,通过数据的多次测试,获得噪声、光照强度及时间、风力方向及强度等数据,通过客观的环境评价,在设计师在场地环境的构造过程中起到十分重要的信息提供作用,实现更加合理的布局优化。

(7) 围护结构热工性能测试

绿色建筑工程中要求对于热舒适度有一个良好的自然资源供给,条件要求建筑的维护结构和相关建筑材质在保暖隔热方面有着良好的性能,设计人员通过 BIM 二维和三维的配合使用,在模拟图中建立起屋面、窗户、墙壁等,并通过材质的热工性能参数赋予,结合室外评价的信息数据,通过软件对维护后的人工参数值进行计算。在得出参数值之后,对比构架的绿色建筑相关标准,进行一定的调整和热工性能参数的选取,最终确定下来,为后续工作做好准备。

(8) 施工模拟

在施工阶段,利用 BIM 模拟特点,仿真模拟工程设计、建造的进度和成本控制。可以逼真的展现施工现场的布置情况,合理制定建筑工程施工方案,并对多种建筑工程施工方案进行对比,选出最佳的施工方案。根据统计及分析功能,能更为精准地预估通过在模型中输入建材信息,利用数材料用量,优化材料分配,并能对材料从制作、出库到使用的全过程进行动态跟踪,减少建材浪费和能源消耗,节约资源。此外,通过预演技术,还能提前优化施工流程,并对设备、材料、人员进行更合理的分配,避免不必要的返工造成的资源浪费和环境污染,减少建筑垃圾。

（9）PC装配式建筑

利用BIM技术参与PC装配式建筑设计、生产、施工全过程,搭建装配式建筑模型、建立建筑的户型和装配式构件产品族库,使农宅建筑户型标准化、构件规格化、减少设计错误、提高出图效率。利用BIM精密设计数据,紧密地实现与预制工厂的协同和对接,将剪力墙、梁、柱、叠合楼板,及楼梯等混凝土构件提供在工厂预制生产,最后集中运输到工地根据施工工艺进行安装施工,大大提高了工程质量和工作效率。

（10）运营维护

建筑物使用寿命期间,建筑物结构设施和设备设施都需要不断得到维护。在传统的运维模式下,设计、施工建造阶段的数据资料往往无法完整的保留到运维阶段,往往就会造成运维上的资源浪费。利用BIM的三维仿真及信息完善记载及输出的特点,根据设定自动生成维护提醒记录,提醒设备应于何时进行何种维护,或何种设备需要更换为何种型号的新设备等,并可对建筑物内所有运行设备的档案、运行、维护、保养进行管理,从而减少了人为产生的信息歧义和错误,实现节约资源避免运维管理过程中的资源浪费。

2. 案例展示

BIM技术应用,在项目前期可以实现三维模拟,从而便于寻找设计方案的不足,使得绿色建筑环保理念得到充分植入,在能源方面可以做到精细计算,不再需要设计师进行繁杂的测算,可以充分采集自然环境数据,使得建筑群和自然达成和谐统一。通过三维数字技术模拟建筑物所具有的真实信息,为设计、施工及运营单位等各参建方提供协同工作的基础平台,大幅度提高管理效率、生产效率、节约成本和缩短工期。总而言之,在BIM技术之下,绿色建筑不再局限建筑本身,而是将绿色理念无限放大,追求最大程度的绿色效应和效益。

（1）绿色农宅BIM建筑生长动画视频截图

绿色农宅BIM建筑生长动画视频,是通过BIM技术,首先进行模型的创建,再将完成的模型进行动画编辑,形成动态视频,演示绿色农宅模拟建造施工全过程,通过视频预先演示施工现场的现有条件、施工顺序以及重难点解决方案。让观看者可以对建筑整体、施工过程和建筑构造细节都有了解。

建筑生长施工模拟顺序:

施工准备—测量放样—场地平整—地基处理—基础构造展示—墙身安装—墙体构造展示—屋顶安装—屋面构造展示—室外装修

（2）四号院BIM漫游动画视频截图

在绿色农宅实践项目中,应用先进的BIM技术对建筑进行三维数字设计,构建全专业数字模型,利用BIM可视化特点,制作四号院BIM漫游动画视频,模拟场地环境,直观的表现设计师在设计绿色农宅建筑的创作—构想—设计—完成的过程,展示建筑本身,全方位呈现绿色农宅建成后真实效果、鸟瞰效果以及建筑透视效果。带来视觉上的冲击,同时拥有身临其境的体验。